삼국지를 따라
아들과 여행하는 중국

삼국지를 따라 아들과 여행하는 중국

발행일   2023년 7월 26일

지은이   김중년
펴낸이   손형국
펴낸곳   (주)북랩
편집인   선일영   편집   정두철, 윤용민, 배진용, 김부경, 김다빈
디자인   이현수, 김민하, 김영주, 안유경, 한수희   제작   박기성, 구성우, 변성주, 배상진
마케팅   김회란, 박진관
출판등록   2004. 12. 1(제2012-000051호)
주소   서울특별시 금천구 가산디지털 1로 168, 우림라이온스밸리 B동 B113~114호, C동 B101호
홈페이지   www.book.co.kr
전화번호   (02)2026-5777   팩스   (02)3159-9637

ISBN   979-11-6836-986-3 03980 (종이책)   979-11-6836-987-0 05980 (전자책)

(주)북랩 성공출판의 파트너
북랩 홈페이지와 패밀리 사이트에서 다양한 출판 솔루션을 만나 보세요!
홈페이지 book.co.kr   •   **블로그** blog.naver.com/essaybook   •   **출판문의** book@book.co.kr

작가 연락처 문의 ▶ ask.book.co.kr
작가 연락처는 개인정보이므로 북랩에서 알려드릴 수 없습니다.

삼국지를 따라
아들과 여행하는
중국

김중년 지음

역사의 흐름과
영웅들의 운명을 탐구하는
특별한 여정

어린 아들과 함께 삼국지의 역사적 장소를 돌아보며
영웅들의 리더십과 전략을 배우는 뜻깊은 여행!

 북랩

※ 일러두기

① 중국어 인명에 대한 한글 표기

국립국어원 외래어표기법 제4장 제2절 제1항을 따랐다. 과거인과 현대인을 구분하여 신해혁명을 기준으로 이전 인물은 우리 한자음대로 하였고 그 이후 인물은 중국어 표기법에 따랐다.

예) 劉備: 유비, 孫文: 쑨원

② 중국어 지명에 대한 한글 표기

외래어표기법 제4장 제2절 제4항을 확대 적용하여 지명은 모두 한자음으로 읽는 관용이 있는 것으로 보고 우리 한자음으로 표기하였다. 다만 우한(武漢)만 중국어 표기법에 따랐다.

예) 洛陽: 낙양, 荊州: 형주

③ 참고 문헌 표기

참고 문헌은 『』 안에 표기하였다. 소설 삼국지는 『삼국지연의』로 표기하였다. 『』 없이 '삼국지'라고만 지칭한 것도 나관중의 소설 삼국지를 의미한다. 정사 삼국지는 '정사 『삼국지』' 또는 '삼국지 『관우전』'처럼 『』 안에 각 전 제목을 표기하였다.

예) 정사 유비전: 『선주전』, 정사 조조전: 『위무제기』, 정사 관우전: 『관우전』, 정사 제갈량전: 『제갈량전』, 정사 손권전: 『오주전』

우리 시대 중년(中年)들이 다 그러하듯이 나(重年) 또한 철저한 입시 위주 교육을 받고 자랐다. 특히 1992년 내가 다녔던 대구과학고등학교에는 체육 선생님 한 분을 제외하면 카이스트 입시 과목인 수학, 과학, 국어, 영어 외에 다른 과목은 심지어 선생님도 없었다. 그 시절 내가 배운 자연과학 지식과 사고방식이 이후 공대와 대학원을 거쳐 기업 연구소까지 이르는 데 자산이 되었음은 분명하다. 하지만 나는 상대적으로 매우 빈곤한 인문학적 지식과 교양을 갖게 되었는데 그것은 내가 눈이 밝지 못하고 게으른 탓이겠지만 한편으로는 극심하게 편중된 교육 환경의 탓도 조금은 있었으리라. 그 결과 이삼십 대에 지리멸렬하게 마주치는 연애, 진로 등 정답이 없는 수많은 문제에서 나는 자연과학 문제를 풀듯이 아등거렸다.

그러던 내가 더 고차원적인 문제에 마주치게 된 것은 두 아이의 아빠가 된 후였다. 우리 아이들이 훨씬 강퍅하고 흉포한 세상과 교육에 내몰려야 함을 자각한 것이다. 직업에는 귀천이 없다고는 하지만 내 아이는 귀했으면 하는 속물 같은 욕심도 외면할 수 없었다. 내 아이들에게 전해줄 세상 사는 지혜가 무엇일까 찾다 보니 다시금 마주치게 된 큰 벽은 여전히 빈곤한 나의 인문학적 지식과 교양이었다. 단순히 아비가 되었다고 해서 특별히 나아질 이유가 전혀 없었으니 나는 내 아이들에게 무언가를 전하기는커녕 나의 인간관계에서도 상처를 주고받으며 여전히 없는 답을 찾아서 아둥거리고 있는 한 사람의 중년에 불과했다.

삼국지를 다시 읽기 시작한 것은 바로 그즈음이었다. 중년이 되어 읽으니 확실히 어렸을 때와는 사뭇 와닿는 것이 달랐다. 그저 주인공으로만 여겼던 인물들의 단점이 더 도드라져 보였다. 신이 된 사나이 관우가 덜 오만했더라면, 용인술의 달인 조조가 덜 잔인했더라면, 불세출의 정치가 제갈량이 더 건강했더라면, 인의의 오뚝이 유비가 책을 더 읽었더라면, 수성의 황제 손권이 노후를 일찍 준비했더라면 보다 더 성공에 가깝지 않았을까. 그제서야 나는 세상 사는 지혜라는 것도 나비어-스톡스 방정식처럼 일반해가 없다는 사실을 인정하기 시작했다. 안나 카레니나의 법칙, 성공을 하나의 요인에서 찾으려고 하기보다는 수많은 실패 요인들을 피하려고 노력해야 하는 것이다.

아들이 다섯 살이었던 2014년에 시작해서 코로나19로 멈추기 직전인 2019년까지 매년 1주일씩 모두 여섯 번 단둘이 중국으로 여행을 다녀왔다. 고전의 현장을 다니며 고대 영웅들의 자취를 더듬어보니, 인간관계와 처세에 작용하는 원리는 이천 년 전 중국 삼국시대와 오늘날의 대한민국이 다르지 않은 것 같다. 그 옛날 봉건주의적 가치를 지금 그대로 신봉할 수는 없겠지만 사람됨이란 무엇인지 역사를 톺아보는 것은 분명 실패 요인들을 피하는 지혜를 얻는 길이라 믿는다. 이 글은 그 지혜가 무엇인지 애타게 갈구했고 현재도 고군분투하고 있는 한 중년 아비의 학습 노트다. 비록 학습 노트에 불과하여 명쾌한 설명을 담지는 못했지만 성의껏 노력했던 흔적은 남아 있으니 그것이라도 훗날 이 글을 읽을 아이들에게 전해졌으면 한다. 본편은 5편까지 제갈량, 손권, 유비, 관우, 조조 등 삼국지 주요 인물의 유적 답사기로 구성하였다. 여섯 번의 답사를 시간 순서와는 무관하게 각 인물을 중심으로 본받을 점과 버려야 할 점을 구분하여 기록하는 데 집중했다. 6편과 번외편은 삼국시대 이전 중국 고대 인물들과 고전, 그리고 아들과 여행하고 경험한 현대 중국을 함께 기록하였다.

바라건대 둘이서 함께 먹고 자고 힘들게 다니면서 시간을 보냈던 기억들만은 휘발되지 않고 세포 속 어딘가에 남아 있기를 소망한다. 그 시간과 기억들이 우리를 덜 권위적인 아비와 덜 되바라진 아들로 만들어준다면 더 바랄 것이 없겠다. 비록 몸은 함께 가지 않았지만 이 프로젝트의 기획자이자 가장 든든한 후원자인 사랑하는 아내와 나의 보물 딸에게도 감사를 전한다.

2023년 7월

狎鷗亭에서

김종년

· CONTENTS ·

제1편

불세출의 정치가 제갈량

호북성 양양,
제갈 초려를 찾아서

호북성 양양(湖北省 襄陽) 고융중 패방, 2015. 5. 1.

2015년 5월 1일 노동절 아침 여섯 살 아들과 나는 호북성 양양 고융중(古隆中)을 찾았다. 오후에는 우한으로 가는 기차표를 예매해두었기에 숙소에서 체크아웃을 한 후 백팩을 메고 캐리어를 끌고 이른 아침 고융중 입구에 도착했다. 이때만 해도 인산인해를 이루고 있는 매표소를 보면서 '아, 제갈량 초려는 중국에서도 유명한 관광지로구나!'라고 감탄을 하면서 살짝 들뜨는 기분도 느꼈다. 조정래 작가님의 소설『정글만리』에서 시종일관 강조하던 '런타이둬(人太多)', 사람이 매우 많은 나라 중국을 완벽하게 간과하고 있었던 것이다. 매표소를 지나 입구에서 짐을 맡기고 고융중을 둘러볼 때도 그렇게 런타이둬에 무감각했다.

'양양역으로 어떻게 가지?' 하는 생각이 든 것은 다시 캐리어를 찾고 난 뒤였다. 출구부터 좁은 길을 따라 걷고 있는, 끝도 없이 아득한 인파를 난생처음 접하고 나니 그제서야 '아, 여기 중국이지'라는 자각이 머릿속에 휙 하고 불어왔다. 도로에는 퇴근길 올림픽대로처럼 차들이 서 있고 그 사이를 사람들은 끝도 없이 걷고 있는데 다리 아프다고 보채는 여섯 살 아들과 함께라니. 종이에 기차역이라는 뜻의 '火車站'을 간체로 그렸다. 그리고 100위안을 꺼내 들고 몇 개 없는 상점에 차례로 들어가 아이와 짐을 가리키며 최대한 불쌍한 표정을 지어 보였다. 100위안을 더 꺼낼까, 기차표를 취소하는 것보다 이득이지 않을까, 남은 일정들은 어떻게 수정해야 하나, 밀려오는 생각들로 머릿속이 복잡해졌다.

그때 사람을 가득 태운 버스 한 대가 길 위에서 사람이 걷는 속도로 기어 내려오고 있는 것이 번쩍하고 눈에 들어왔다. 반사적으로 아들과 캐리어를 양손에 잡고 뛰었다. 더 탈 수도 없을 만큼 사람으로 가득한 런타이둬 버스 앞문에 짐을 밀어 넣고 아들과 함께 몸을 구겨 넣었다. 문이 겨우 닫히고 출발하고 나서야 어디로 가는 버스인지 궁금해지기 시작했다. 그러다 어딘지도 모를 곳에 버스가 정차하고 앞문이 열렸는데 그 모습도 위풍당당하게 택시가 한 대 서 있는 것이 아닌가. 런타이둬 버스라 앞문 바로 앞에 겨우 구겨 넣어 탔던 것이 신의 한 수였다. 밀어 넣었던 짐들을 빼서 아들 손을 잡고 뛰어내렸고 그렇게 우여곡절 끝에 도착한 양양역은 고향 역보다 더 반가웠다. 그 후로부터 중국 어디를 가든지 다음 이동을 위한 대중교통이나 디디추싱을 탈 만한 곳을 미리 확인하는 습관이 생겼다. 런타이둬 노동절 초려, 나는 세 번 찾아갈 자신은 없다.

제갈량의 초려는 어떤 곳인가?

양양(襄陽, Xiangyang)

중국어 발음은 샹양이고 우리나라 강원도 양양과 한자가 동일하다. 인구 570만으로 호북성에서 성도인 우한 다음으로 크다. 도시 가운데 한수(漢水)라는 강이 흐르고 있고 이를 기준으로 강남인 양양과 강북인 번성(樊城)으로 나뉜다. 원래 지명은 둘을 합한 양번(襄樊)이었으나 2010년 현재 지명인 양양으로 변경되었다. 강남 쪽 양양에 남아 있는 고성이 바로 관우가 최후를 맞기 전에 번성을 포위하며 주둔했던 곳이다. 고융중(古隆中)은 강북 번성에 있는 양양역에서 20㎞ 정도 떨어져 있다.

┃ 어렵게 도착한 양양역 광장, 2015. 5. 1.

궁경지 논쟁,
유비가 세 번 찾아간 곳은 어디인가?

❙ 호북성 양양(湖北省 襄陽) 초려(草廬)비에서, 2015. 5. 1

중국 지방 도시들은 관광객을 끌어들이기 위해서 거대한 동상이나 건축물을 만드는 경우가 많다. 대표적인 것이 호북성 형주에 세워진 관우상이다. 2016년 형주시는 세계 최대 청동 조각상을 목표로 건물 20층 높이인 57미터 관우상을 세웠다. 하지만 나지막한 고성인 형주성의 고풍스러운 풍경을 거대한 조각상이 압도하여 분위기를 망친다는 비판을 받다가 결국 최근에 철거했다. 비록 철거는 했지만 관광 산업에 스토리를 결합하려는 노력만큼은 따로 평가하고 싶다. 인디언 격언 중에, '당신이 사실을(Fact) 말해주면 나는 배울 것이다. 진실을(Truth) 말해주면 나는 믿을 것이다. 이야기를(Story) 말해주면 그것은 내 마음속에 영원히 살 것이다'라는 말이 있다. 두 도시가 제갈량 이야기를 서로 가지려고 경쟁하고 있다.

유비가 세 번이나 찾아갔던 삼고초려의 초려는 오늘날 호북성 양양과 하남성 남양에서 각각 '제갈 초려'라는 이름으로 관광객을 맞이하고 있다. 제갈량이 17세부터 10년간 학문을 닦으며 농사를 지었던 곳은 분명 한 곳일 터인데 두 도시가 모두 제갈량이 머물던 곳이라고 주장하고 있기 때문이다. 제갈량이 위나라를 토벌하러 떠나며 2대 황제 유선에게 올린 명문 「출사표」에 '신은 본래 평민으로 남양에서 농사를 짓다가…'라는 구절이 나온다. 이를 두고 남양은 지금의 남양이 바로 그 남양이라고 주장한다. 반면 『삼국지연의』에는 서서가 위나라로 떠나며 유비에게, '양양성 밖 20리에 있는 산골에 당대의 뛰어난 인재가 있다' 라며 제갈량을 천거하는 장면이 나온다. 또 『자치통감』에도 '제갈량이 양양 융중에 기거하고 있었다'라고 적고 있다. 오늘날 학계에서도 대체로 양양의 옛 지명이 남양으로, 호북성 양양에 있는 융중을 제갈량이 농사를 짓던 곳으로 추정하고 있다.

청나라 때 양양 출신 관리가 남양에 취임을 했는데 공명이 은거한 곳이 양양인지 남양인지를 묻는 질문을 받았다. 자신의 고향이냐 부임지냐 선택을 강요받는 상황에서 그 관리는 현명한 답을 시로 남겼다. 그 시는 남양에 있는 제갈 초려에 다음과 같이 적혀 있다.

> 마음은 조정에 둘 뿐 원래 선주 후주를 구별하지 않았도다.
> 心在朝廷 原無論先主後主
> 이름이 천하에 드높으니 양양 남양을 따질 필요가 있겠는가.
> 名高天下 何必辨襄陽南陽

선주 유비와 후주 유선 2대에 걸쳐 두 황제를 위했던 제갈량에 빗대어 자신의 마음을 노래한 것이다. 이 시가 남양에만 있고 양양에서 찾아볼 수 없다는 것으로도 판세를 가늠할 수 있다.

초려에서 제갈량은 무엇을 했나?

삼고초려(三顧草廬)

표준국어대사전의 정의는 '인재를 맞아들이기 위하여 참을성 있게 노력함'이다. 정사 산구지 『제갈량전』에도 유비가 세 차례나 찾아간 뒤에야 비로소 제갈량을 만났다고 기록되어 있다. 당시 유비가 주둔하던 신야(新野)는 남양과 양양의 중간에 있는데 신야에서 융중까지의 거리는 약 100㎞나 된다. 말을 타고도 하루 이상 걸리는 먼 거리를 세 번이나 찾아간 것이다. 게다가 이때 제갈량의 나이는 스물여섯으로 마흔여섯의 유비보다 무려 스무 살이나 어렸으니 유비의 탈권위적인 면모는 실로 대단한 것이다.

❙ 초려를 찾아간 유관장 삼형제, 2016. 6. 4.

난세에 탁월한 전략,
솥 발처럼 셋으로 나누어라

┃ 섬서성 한중(陝西省 漢中) 소하 유방 한신, 2016. 6. 4.

삼국지『제갈량전』에 따르면 유비가 초려를 세 번 찾아가 천하를 다스릴 지혜를 구하자 제갈량은 천하삼분지계를 제시하였다. 조조는 북쪽, 손권은 동쪽에 각자 세력을 크게 키우고 있으니 그들과 함부로 싸우지 말고 남쪽의 형주, 서쪽의 파촉을 차지하여 우선은 그들과 대등한 세력을 만들라는 것이 핵심이다. 미비한 세력에 가진 것도 없는 상황에서 매번 모든 걸 경쟁사와 비교하며 싸워서 이기려고만 하는 리더들은 제갈량의 조언을 참고할 필요가 있다. 유비가 크게 기뻐하며 제갈량을 중용하자 관우와 장비는 서운해하였다. 유비는 관우, 장비에게 '나에게 공명이 있는 것은 물고기가 물을 만난 것과 같다'라고 하였고 이것이 수어지교(水魚之交)이다.

사실 천하삼분지계를 처음 제시한 사람은 초한쟁패기의 괴철이었다. 『사기』에 괴통으로 기록된 괴철은 한신의 군사였는데 유방 휘하에 있던 한신에게 유방, 항우에 맞서 제3세력을 갖출 것을 제안하였다. 한신은 젊은 날 자신을 업신여기는 불량배의 가랑이 사이를 기었던 도량이 있었으니, 만약 한신이 하북의 풍요로운 자원을 차지하고 파촉의 유방과 동오의 항우에 맞섰다면 역사는 크게 달라졌으리라. 그러나 한신은 이를 거절하고 유방을 도와 한나라 개국 공신이 되었다. 그리고 결국

토끼 사냥 후 사냥개 신세인 토사구팽(兎死狗烹) 되고 만다. 『사기』에 의하면 한신은 죽으면서 '괴통의 계책을 쓰지 못한 것이 안타깝다'라고 후회했다.

대만 타이베이에 있는 고궁박물원에는 장제스가 자금성에서 가져온 보물들이 많고 많지만 그중 역사적 가치가 뛰어난 보물 중 하나가 바로 모공정(毛公鼎)이다. 발이 세 개 달린, 청동으로 만든 큰 솥(鼎)인데 기원전 주나라 왕이 모공에게 내린 명령 500여 글자가 적혀 있어서 가치가 높다. 이 단순하게 생긴 솥의 세 발과 같은 형상이 제갈량의 전략인 정족지세(鼎足之勢)이다. 비록 관우가 형주를 지키지 못한 탓에 유비군은 정족지세를 유지하지 못하였고, 제갈량의 천하삼분지계는 관우가 참수된 시점에 실패가 시작되었다. 그러나 제갈량은 북벌을 통해 전략을 완성하려 하였고 결과는 실패로 끝났지만 그의 정신과 철학은 명문 「출사표」로 역사에 남았다. 또 사람들에게 제갈량은 적벽대전의 남동풍, 칠종칠금의 남만 정벌, 사마의에게 공성계로 이긴 것까지 신선과 같은 활약들로 기억되고 있다.

제갈량의 신통방통한 활약들은 다 사실일까?

정족지세(鼎足之勢)

솥발처럼 셋이 맞서 대립한 형세를 말한다. 서기 208년 적벽에서 손권과 유비의 동맹이 조조이 통일을 저지하여 정족지세, 천하삼분이 시작되었다. 이후 형주를 차지한 유비가 219년 한중을 지키고 익주까지 공고히 하여 사실상 삼국이 성립되었다. 삼국이 역사에 모습을 갖춘 것은 조조 사후인 220년 조비가 위나라 황제로 즉위하고 221년 유비, 229년 손권이 제위에 오른 시점이다. 이 솥발과 같은 균형은 263년 촉한이 멸망하며 깨어졌고, 사마의의 손자인 사마염이 265년 위나라, 280년 오나라를 차례로 멸망시키고 서진이 삼국을 통일하면서 하나로 합쳐졌다.

❚ 기원전 주나라 때 만든 정(鼎), 2019. 5. 4.

빈 성에서 악기 연주로 이긴 공성계,
그 진실은?

사천성 성도(四川省 成都) 무후사(武侯祠), 2016. 6. 1

　삼국지를 따라 아들과 여행하는 중국

제갈량의 사당인 무후사(武侯祠)는 중국 전역에 약 2천여 개가 있다고 알려져 있다. 그중 촉한의 수도였던 사천성 성도에 있는 무후사는 유비의 무덤인 한소열묘와 나란히 있어서 규모가 가장 크다. 사진은 성도 무후사로 들어가는 두 번째 대문으로 명량천고(明良千古) 편액이 눈에 띈다. 명군과 양신이 만나 천고에 모범이라는 뜻인데 자세히 보면 밝을 명(明) 자가 이상하다. 청나라 강희제 때 만들어진 편액이라 명나라 이름 대신 날 일(日) 자에 한 획을 더 그어 눈 목(目)이 된 것이다. 무후사에는 이외에도 좋은 말들이 적힌 편액들이 많아서 글자를 보는 것만으로도 기분을 좋게 만든다. 특히 이름이 온 천하에 영원히 남는다는 뜻의 명수우주(名垂宇宙) 편액 앞에서 아들 사진을 찍다 보니 글자처럼 되었으면 하는 마음이 절로 들었다.

제갈량이 주력 군대를 다른 곳에 보내고 병들고 약한 병사들만 성에 남았는데 사마의가 대군을 이끌고 쳐들어왔다. 제갈량은 되려 성문을 활짝 열어두고 군사들을 백성으로 변장하여 일상처럼 청소를 시키고 자신은 성벽 누각에 앉아 한가로이 거문고를 연주하였다. 이를 본 사마의는 상대가 제갈량이니 필시 복병을 숨긴 함정이라 판단하여 군사를 거두어 물러갔다. 이것이 훗날 병법서에 기록된 서른여섯 계 중 제

32계 공성계이다. 하지만 제갈량이 공성계를 실제로 했다는 기록은 없다. 빈 성에서 악기 연주로 이긴 것뿐만 아니라 적벽에서 바람 방향을 바꾸어 이긴 것도, 맹획을 일곱 번 잡고 놓아준 것도 모두 허구다. 제갈량은 삼국지에서 역사적 형상과 문학적 상상이 가장 일치하지 않는 인물이다. 실제 군사로서 제갈량보다 훨씬 성공한 인물은 강상(주나라 강태공)이나 장량(한나라 장자방)일 것이다.

워털루 전쟁 때 네이선 로스차일드가 영국 국채를 팔자 로스차일드 (불어로는 와인으로 유명한 로쉴드) 가문의 유럽 최고 정보력을 믿은 사람들은 나폴레옹이 이겼다고 생각하고 투매했다. 그리고 하룻밤 사이에 다시 저가에 대량으로 영국 국채를 매입한 로스차일드 가는 영국이 이겼다는 소식이 전해졌을 무렵에는 스무 배 이상 차익을 거두었다는 속설이 있다. 실제 역사적 사실과 거리는 있지만 제갈량도 로스차일드도 모두 사람의 심리, 그 빈틈을 이용하여 원하는 바를 얻었다. 로버트 치알디니는 『설득의 심리학』에서 이렇게 인용했다. "모두 비슷하게 생각할 때에는 아무도 깊이 생각하지 않는다."

정치가 제갈량이 닮고 싶어한 사람은 누구인가?

제갈량(諸葛亮, 181~234)

중국 삼국시대 촉한의 재상, 정치가이다. 자는 공명(孔明), 별호는 와룡(臥龍) 또는 복룡(伏龍)이다. 후한말 유비를 도와 촉한을 건국하였고 유비 사후에는 유선을 보좌하여 촉한의 정치를 이끌었다. 227년부터 8년 동안 다섯 번 북벌에 나서 위나라를 공략하였으나 234년 오장원에서 54세의 나이로 병사하였다. 「출사표(出師表)」는 제갈량이 북벌에 나서며 황제 유선에게 올린 표문이다. 227년 「전출사표」와 228년 「후출사표」 두 편이 있다. 「출사표」를 읽고 눈물을 흘리지 않으면 충신이 아니라는 말이 있을 정도로 명문이다. 제갈량 「출사표」의 취지를 고려한다면 출사표는 던지는 것보다 낸다는 표현이 적합한 것 같다.

❚ 무후사 제갈량상, 2016. 6. 1.

관중에 비유할 만한 재주,
오장원에서 마감하다

❚ 산둥성 쯔보(山東省 淄博) 관중 기념관, 2018. 4. 28.

삼국지『제갈량전』에 따르면 제갈량은 초려에서 농사를 지을 때부터 늘 자신을 관중과 악의에 비유했다. 당시 사람들 중 제갈량과 친분이 있던 최주평과 서서가 이를 인정하였다고 한다. 성도 무후사에는 제갈량의 업적이 관중과 악의를 능가한다는 훈고관악(勳高管樂) 편액도 있다. 관중은 춘추시대 제나라 재상이고 악의는 연나라 장군인데, 제나라는 지금의 산동성이고 연나라는 지금의 북경 근처다. 북경의 여러 이름 중 가장 흔한 것이 연경(燕京)인 것은 연나라 수도였기 때문이다. 이곳 출신인 장비도 늘 자신을 '연인(燕人) 장비'라고 칭했다.

관중은 포숙과의 우정이 관포지교(管鮑之交)로 알려져 있다.『사기』에 따르면 관중은 '나를 낳아준 사람은 부모지만 나를 알아준 사람은 포숙이다'라고 말했다. 관중과 포숙은 왕권을 두고 경쟁하던 규와 소백을 각각 모시고 있었다. 소백이 먼저 왕위에 오르기 위해 제나라로 가는데 길목에서 기다리던 관중이 화살을 쏘았다. 화살은 허리띠에 맞았지만 소백은 죽은 척하였고 이에 규는 방심하게 된다. 결국 소백이 먼저 왕위에 올라 제환공이 되었고 규와 함께 관중도 죽을 처지였다. 포숙은 제환공에게 '제나라 하나만 다스리려면 이 포숙아만으로 충분하지만 천하를 다스리려면 관중이 필요합니다'라고 천거하였다. 제환공은 관중을 크게 중용하였고 관중은 외교, 국방, 경제 전 분야에서 탁월한 능력을 발휘한다. 자신에게 화살을 쏘았지만 능력을 알아보고 인재를 활용한 덕분에 제환공은 춘추시대 첫 패자가 되었다.

공자도 『논어』에서 관중을 여러 번 칭찬하였다. 사실 관중은 겸손이나 검소와 거리가 있어서 대궐 같은 집에서 축첩을 하였음에도 불구하고 공자는 '그만하면 인(仁)하다'라고 하였다. 관중이 규를 따라 자결하지 않고 소백을 따른 것을 두고도 관중이 아니었다면 오랑캐에 나라를 빼앗기고 그 관습을 따르고 있었을 것이라며 두둔하였다. 롤모델 관중은 주군을 패자로 만들고 본인도 호사를 누렸으나 제갈량은 그 뜻을 다 이루지 못하고 북벌 원정길에 오장원에서 병사하여 생을 마감하였다. 「출사표」의 마지막 문장처럼 '몸을 낮추어 온 힘을 다하고 죽어서야 멈추겠다(鞠躬盡力 死而後已)'를 실행한 것이다. 당나라 시인 두보가 성도 무후사를 방문한 후 제갈량을 노래한 시 촉상(蜀相)은 다음과 같이 끝난다.

출사했으나 뜻을 이루기 전에 몸이 먼저 죽으니,

出師未捷身先死,

길이 영웅들의 눈물이 옷깃을 가득 적시노라.

長使英雄淚滿襟

관포지교(管鮑之交)

관중과 포숙의 사귐이란 뜻으로 우정이 아주 돈독한 친구 관계를 이르는 말이다. 『사기』에 따르면 관중은 이렇게 말했다. '공자 규가 임금 자리를 놓고 벌인 싸움에서 졌을 때 소홀은 스스로 목숨을 끊었으나 나는 붙잡혀 굴욕스러운 몸이 되었다. 그러나 포숙은 나를 부끄러움도 모르는 사람이라고 여기지 않았다. 그것은 내가 자그마한 일에는 부끄러워하지 않지만 천하에 이름을 날리지 못하는 것을 부끄러워함을 알았기 때문이다. 나를 낳아준 이는 부모지만 나를 알아준 이는 포숙이다.' 사마천은 『사기』에서 관중의 능력도 높이 평가하였지만 사람을 알아보는 포숙의 안목을 극찬하였다.

┃ 관중 기념관 관포지교 토우상, 2018. 4. 28.

제2편

수성의
황제
손권

강소성 남경,
손권묘를 찾아서

| 강소성 남경(江蘇省 南京) 명효릉 신도, 2015. 5. 3.

남경은 서기 211년 오나라 손권에 의해서 중국 역사에 수도로 처음 등장하였다. 당시 지명은 나라를 세운다는 뜻의 건업(建業)이었다. 이후 1368년 주원장이 명나라를 건국할 때 남경(南京)이라는 이름으로 수도가 되었다. 명은 남경을 수도로 삼았던 왕조들 중에서 가장 오래가는 나라가 된다. 남경은 1911년 쑨원이 신해혁명을 시작하여 북경의 청나라가 무너지자 중국 최초 근대국가 중화민국 수도로 다시 등장한다. 이렇게 남경에서 나라를 열었던 세 인물 손권, 주원장, 쑨원의 무덤은 남경에 있는 하나의 산에 모여 있다. 그곳이 바로 2015년 봄 여섯 살 아들과 함께 찾았던 중산풍경명승구이다.

세 무덤이 모두 한곳에 모여 있다고는 하나 현재 무덤의 처지는 참으로 다르다. 1929년 완공된 쑨원의 무덤인 중산릉(中山陵, 中山은 쑨원이 일본에서 사용하던 이름인 나카야마)이 가장 규모가 크고 화려하다. 쑨원은 2천 년 동안 황제의 나라였던 중국을 인민의 공화국으로 바꾼 혁명가인데 역대 어느 황제보다 크고 화려한 무덤에 묻혔다. 주원장의 명효릉(明孝陵)은 1413년 완공 당시만 해도 32년간 10만 명이 동원되어 둘레 18㎞로 만든 최대 규모의 황제 무덤이었다. 그러나 청나라 군대가 공격할 때 일부 파괴되었고 남경이 중심이었던 태평천국운동을 진압하면서 추가로 소실되었다. 그래도 남은 건축물과 석물들은 유네스코 세계문화유산으로 관리되어 현재는 좋은 공원이다. 여행 중 아들 사진을 찍을 때는 되도록 자연스러운 모습을 담으려고 노력했다. 사진도 앉아서 포즈를 취한 게 아니라 명효릉에서 손권묘를 향해 신나게 뛰고는 다리 아프다고 앉아서 쉬는 모습이다.

우리의 목적지였던 손권묘(孫權墓)는 안타깝게도 찾기가 매우 어렵다. 패방이나 석물은 고사하고 봉분조차도 남아 있지가 않다. 다시 찾아가보라고 해도 매우 어려운데 명효릉에서 중산릉으로 가는 길 옆 큰 나무 아래에 표지석 하나가 전부다. 주원장이 생전에 자신의 무덤을 조성할 때 주변에 있던 여러 무덤들은 이장했지만 손권의 무덤은 "그도 영웅이니 그대로 두어 내 무덤을 지키게 하라"라고 하여 그 자리에 두었다. 그러나 1944년 친일 정부 수반이었던 왕징웨이가 명당을 탐내 손권묘를 파헤치고 그 자리에 묻혔다. 일본이 패망하자 친일파 왕징웨이의 시신은 불태워지고 무덤은 다이너마이트로 폭파되었다. 그 결과 남경의 첫 황제였던 손권묘만 흔적도 없이 사라지고 말았다.

손권은 왜 남경에 기반을 두었나?

남경(南京, Nanjing)

남경은 고대부터 장강 하구 경제와 문화의 중심지였다. 현재 중국에서 도시 이름에 수도 경(京)이 들어간 곳은 북경과 남경뿐이다. 청나라 말에는 여러 아픔을 겪었는데 아편전쟁 후 1842년 홍콩을 영국에 할양하는 불평등 조약을 남경에서 맺었다. 태평천국운동이 근거지를 삼았다가 몰살된 곳도, 1937년 겨울에 일본군이 30만 명 넘는 중국인들을 무차별 학살한 곳도 남경이었다. 난징대학살을 추모하는 메모리얼 홀에는 희생자의 넋을 기리는 조각과 기념물들이 조성되어 있다. 이곳에서 10㎞ 거리에 아래 사진 난징조약 기념관과 대항해 출발지였던 정화 기념관이 나란히 함께 있다.

▎난징조약 기념관, 2019. 5. 3.

풍요의 물줄기 장강,
대역사를 만들다

▌ 강소성 남경(江蘇省 南京) 정화 기념관, 2019. 5. 3.

남경에 처음 성을 쌓은 사람은 와신상담(臥薪嘗膽) 고사의 주인공 월나라 왕 구천이었다. 기원전 472년의 일이니 그때부터 남경은 장강 하구 경제와 문화의 중심지였다. 제갈량은 지키기도 좋고 나가기도 좋은 남경을 일컬어 용반호거(龍盤虎踞), 즉 용이 서려 있고 호랑이가 웅크린 곳이라 하였다. 실제로 남경은 전 지구적인 대항해시대의 출발점이었다. 명나라 환관 정화가 1405년부터 1433년까지 7차례나 인도, 페르시아만과 아프리카까지 항해하였는데 그 출발지가 바로 남경이었다. 사진 속 정화 기념관 벽화는 정화가 황제인 영락제에게 출항 인사를 하는 장면이다. 정화가 아프리카에서 목이 긴 짐승을 싣고 오자 영락제는 기린(麒麟)이라고 불렀다. 원래 기린은 용 머리에 사슴 몸을 가진 상상 속의 동물로 수컷 기(麒)는 뿔이 없고 암컷 린(麟)은 이마에 유니콘과 같은 뿔이 있다. 영락제는 아프리카에서 온 상서로운 동물에게 성인이 나타날 때 전조로 나타난다는 전설의 이름을 하사했던 것이다.

　　청나라 때 편찬된 명나라 역사서에 따르면 정화의 기함은 길이 120미터가 넘었고 크고 작은 62척의 배가 함께 항해하였다. 길이 23미터짜리 기함 산타마리아호를 포함하여 3척의 배로 항해한 콜럼버스보다

약 1세기 앞섰고 동원된 배와 인력의 규모는 스무 배가 넘었다. 속설이지만 세계 최초로 지구를 한 바퀴 돈 것도 마젤란의 함대보다 정화의 부속 함대가 먼저였다는 설이 있다. 이렇게 엄청난 규모의 항해가 가능했던 것은 당시 중국이 종이, 화약, 나침반, 인쇄술을 모두 보유한 세계 최강대국이었기 때문이다. 실제 15세기 중국의 GDP는 전체 유럽을 합친 것보다 1.5배 많았다.

오늘날 중국이 유럽에 역전된 원인은 『총, 균, 쇠(재레드 다이아몬드)』에 잘 설명되어 있다. 요약하면 중국의 강력한 중앙집권 단일국가 체제와 자원이 풍부한 자연 환경 탓이다. 리더십과 조직력이 강력하고 시장에서 성과가 좋은 우량 조직일수록 스스로 혁신하기 어려운 것과 같은 이치이다. 한 번도 통일되지 않았고 생존을 위해서는 개방성과 다양성이 필요했던 유럽과 대비되는 부분이다. 영락제가 죽고 권력이 환관 반대파로 넘어가자 '원정은 아무 소용없는 일에 국력을 낭비할 따름이니 마땅히 중단해야 한다'라는 의견이 받아들여진다. 황제의 명으로 3천이 넘는 함정과 조선소를 없애고 1842년 남경에서 난징조약이 체결될 때까지 쇄국한다. 그리하여 장강에서 세계로 나아가던 물길은 그만 막혀버렸다.

손권이 장강에서 했던 전쟁은 무엇인가?

정화(鄭和, 1371~1434)

명나라 환관, 세계 최초의 항해가이다. 색목인으로 명태조 주원장의 넷째 아들 주제의 환관이 되었고 주체가 3대 황제 영락제에 오르자 환관 최고직 태감이 되어 원정대를 이끌게 되었다. 소말리아 모가디슈까지 30여 나라를 방문하여 비단과 도자기를 전파하였고 기린, 낙타를 비롯하여 안경, 후추 등을 중국에 들여왔다. 정화의 대항해는 국력을 과시하는 교류와 친선이 목적이었으나 훗날 스페인 항해가들은 영토 확장과 포교를 목표로 했다. 원주민과 마찰이 불가피했으며 그 결과 태평양을 건너온 마젤란도 필리핀 세부 막탄섬에서 추장 라푸라푸의 손에 죽었다. 필리핀이라는 나라 이름도 당시 스페인 국왕 펠리페 2세에서 유래했다.

▎정화 기념관 정화 동상 앞에서. 2019. 5. 3.

적벽대전,
주유의 팔로워십과 리더십

| 호북성 적벽(湖北省 赤壁) 주유 동상, 2017. 8. 10.

우리의 몸도 지구의 표면도 70%는 물이다. 지표면만 보자면『물의 세계사(스티븐 솔로몬)』에 나오는 표현처럼 '수구(水球)'라는 이름이 더 적합한 것 같다. 지구의 물 중에 대부분인 97.2%는 바닷물이라서 그대로 마시거나 식물에 줄 수가 없다. 남은 2.8% 중에 대다수인 2.15%는 얼어붙은 빙하이고 0.62%는 땅속에 있는 지하수이다. 지구에 존재하는 물 중에 겨우 0.03%에 불과한 담수, 그중에서도 일부인 강물이 흐르고 흘러 인류의 문명을 일으키고 역사의 현장이 된 것이다. 중국에서 문명의 요람은 황하이지만 바다와 다름없는 풍요로움으로 늘 격전의 중심이었던 곳은 적벽대전이 벌어졌던 장강이다.

　　오우삼 감독의 영화 '적벽대전'은 1, 2편 러닝타임을 합하면 4시간 반이 넘는 대작이다. 소설『삼국지연의』속 적벽대전도 반간계, 연환계, 고육계 등 각종 병법 전략이 등장하여 분량이 적지 않다. 그러나 정사『삼국지』에 기록된 적벽대전은『난중일기』처럼 간결하다. 먼저 조조 관점의『위무제기』에 나오는 적벽대전은 단 두 문장이 전부다. '조조는 적벽에 도착하여 유비와 싸웠지만 형세가 불리했다. 이때 역병이 크게 유행하여 관리와 병사를 많이 잃었으므로 조조는 군대를 이끌고 돌아왔다.'『제갈량전』에는 제갈량이 손권을 찾아가 함께 싸우자고 설득하는 대화가 비교적 자세히 기록되어 있다. 하지만 전쟁 부분은 역시 단두 문장이다. '손권은 주유, 정보, 노숙 등 수군 3만 명을 보내 제갈량을 따라 유비가 있는 곳으로 가서 힘을 합쳐 조조에게 맞서도록 했다. 조조는 적벽에서 져 군대를 이끌고 업성으로 돌아갔다.'

사진은 적벽시에 있는 삼국적벽고전장으로 칼을 든 동상은 주유다. 정사 삼국지 중 그나마 『주유전』에는 황개가 화공을 쓰는 것도 기록되어 있다. 특히 주유는 처음부터 조조에 맞서 싸우고자 했다. 『오주전』에 따르면 손권의 참모들 대부분은 조조를 두려워하여 손권에게 항복을 권유했다. 오로지 주유와 노숙만이 조조에게 대항하자고 하여 손권과 뜻을 함께했다. 자신의 뜻을 알아주는 부하가 둘이나 있고 그게 주유와 노숙이라니. 손권은 복이 많은 리더였던 것이다. 리더십만큼 중요한 것이 동전의 양면처럼 붙어 있는 팔로워십 아니던가. 아리스토텔레스가 말했다. "남을 따르는 법을 알지 못하는 사람은 좋은 리더가 될 수 없다."

손권은 어떤 리더였는가?

적벽대전(赤壁大戰)

208년 손권과 유비의 연합군이 조조의 대군을 적벽에서 크게 무찌른 싸움이다. 적벽대전은 관노내전, 이릉대전과 함께 삼국지 3대 전투로 꼽히며 천하삼분이 시작된 중요한 사건이었다. 적벽대전 후 손권은 강남의 대부분을, 유비는 형주와 파촉을 얻어 중국을 삼분하였다. 정사 『삼국지』에는 분량이 매우 짧지만 나관중의 재능으로 『삼국지연의』에서 극적으로 재탄생했다. 적벽시는 인구 50만 도시로 원래 이름은 포기(蒲圻)였는데 1988년 이름이 변경되었다. 아래 사진에 적벽이라 적힌 곳이 역사적 장소라고 느껴지지는 않았지만 수천 년을 변함없이 장강의 뒷 물결이 앞 물결을 밀어내는(長江後浪推前浪) 역사의 흐름은 반추할 만했다.

❚ 적벽(赤壁), 2017. 8. 10.

아들을 낳으려면 마땅히
손중모 같아야지!

❙ 강소성 남경(江蘇 南京) 손권 기념관. 2015. 5. 3.

삼국지『손견전』에 따르면 손견과 그 아들 손권은 손무의 후손으로 추측된다. 춘추시대 오나라 왕 합려는 손무의 병서를 읽은 후 그를 시험하기 위해 부녀자로 조직된 군대를 지휘해볼 것을 제안하였다. 손무는 180명 궁녀들을 두 부대로 나누어 각 부대장을 세우고 북소리에 맞추어 제식훈련을 실시하였다. 결국 반나절 만에 궁녀 둘의 목을 벤 끝에 부녀자들을 자로 잰 듯이 정확하게 움직이게 만들었다. 합려는 손무를 등용하여 오자서와 함께 오나라의 세력을 크게 키웠으며 합려가 읽었다는 손무의 13편 병서가 바로『손자병법』이다.

『손자병법』은 대표적인 병법서이지만 의외로 그 내용은 웬만하면 싸우지 말라는 것이 핵심이다. 『손자병법』이 말하는 최고의 승리는 싸우지 않고 이기는 것이고, 굳이 싸워야 한다면 미리 전략적으로 유리한 상황을 만들어 승리가 확정된 상태에서 싸우라고 한다. 이를 위해서는 지피지기(知彼知己), 즉 상대의 전력과 나의 전력을 잘 알아야 한다. 흔히 지피지기면 백전백승이라고 알려져 있으나 실제 『손자병법』에는 지피지기면 백전불태(百戰不殆), 백 번 싸워도 위태로울 일이 없다고 되어 있다. 전쟁이 일상인 춘추전국시대에 적용되던 이 원리는 오늘날 급변하는 시장에서도 동일하게 작동하고 있다. 조직이 백전불태 위기에 빠지지 않고 영속하는 것이 싸워서 이기고 1등 하는 것보다 더 기본적인 경영의 목표이다. 조조는 "내가 수많은 병서를 읽었는데 『손자병법』만이 가장 심오하다"라고 평했다.

병법을 잘 아는 조조가 극찬한 군대가 바로 손권의 군대였다. 적벽대전 5년 후인 서기 213년 조조가 유수를 쳐서 손권과 서로 대치했다. 조조는 멀리서 손권의 군대를 보고 그들이 가지런하고 엄숙한 것을 찬탄하였다. 손권의 병사들이 북소리에 맞춰 정연하게 움직이는 것을 본 조조는 "아들을 낳으려면 마땅히 손중모 같아야지"라고 말했다. 서기 200년 오나라를 이끌던 손책은 의원도 치료할 수 없다고 할 정도로 깊은 상처를 입자 동생인 손권을 불렀다. "강동의 병력을 이끌어 천하의 영웅들과 다투며 충돌하는 것에 그대는 나만 못하지만, 능력 있는 자를 임용하며 그들이 각자 마음을 다하도록 하여 강동을 지키는 것은 내가 그대만 못하다." 손책이 죽자 수성의 황제 손권이 형을 이어 오나라를 이끈다.

손권의 오나라는 왜 삼국을 통일하지 못하였나?

손권(孫權, 182~252)

중국 삼국시대 오나라의 초대 황제로 자는 중모(仲謀)이며 손견의 둘째 아들이
자 손책의 동생이다. 서기 200년 강동의 맹주인 형 손책이 급사하자 18세의
나이에 형을 이어 강동을 다스렸다. 안정과 실리를 추구한 결과 촉의 명장 관
우를 베고도 여세를 몰아 통일을 도모하지 않았다. 220년 조비가 한나라 헌제
를 폐하고 황제를 칭하자 촉의 유비는 이듬해 바로 제위에 올랐으나 손권은 안
정적으로 기반을 모두 다진 후 가장 늦게 229년에야 제위에 올랐다. 비록 말
년에 과오가 있지만 손권은 노숙을 중용하고 여몽을 발탁할 정도로 인재를 알
아보는 안목이 있었다.

❚ 손권 기념관 석상, 2015. 5. 3.

아무리 일찍 준비해도
지나치지 않는 것들

| 강소성 남경(江蘇省 南京) 손권묘(孫權墓), 2015. 5. 3.

인류 역사에서 최초로 10억 달러가 넘는 자산을 보유한 사람은 1892년에 태어난 미국의 석유 사업가 진 폴 게티였다. 막대한 부를 가진 게티에게도 평생 큰 걱정이 하나 있었으니 그것은 바로 자식들이었다. 1976년 죽기 전까지 게티는 스무 번도 넘게 유언장을 고치다가 결국 게티 재단을 통해 재산을 사회에 환원하였다. 그 결과 미국 LA 북부 산타 모니카 산에 위치한 게티 센터와 말리부의 게티 빌라는 온갖 화재에도 끄떡없이 세계에서 가장 부유한 미술관의 명성을 지키고 있다. 게티 센터는 수려한 건물 외관이나 전망도 매우 훌륭하지만 무엇보다 주차비 외에 입장료가 무료라는 점에서 가성비가 무한에 가깝다. 물론 게티의 노력에도 불구하고 그가 죽은 후에 자식들 간에 벌어진 재산 분쟁을 피할 수는 없었다.

마지막까지 부와 권력을 모두 쥐고 있다가 자식들에게 분쟁의 씨앗을 함께 남긴 채 세상을 떠나는 일은 기원전부터 있었던 일이다. 제환공은 춘추시대 첫 번째 패자였음에도 불구하고 『사기』에 따르면 죽은 후 67일이 되도록 입관조차 못 하고 시신에는 벌레들이 들끓었다. 특히 명재상 관중이 죽기 전에 역아, 수초, 개방 세 사람을 멀리하라고 유언을 남겼지만 환공은 이들을 모두 등용하는 치명적인 인사 오류를 범한다. 결국 환공이 죽은 후 여섯 명의 자식들 간에 권력 다툼이 일어나 제나라는 패자의 지위를 잃게 되었다. 제환공은 43년이나 재위에 있다가 10월에 죽었으나 관에 들어간 것은 12월, 무덤에 묻힌 것은 그 이듬해 8월이었다.

손권도 재위 기간이 무려 50년이 넘는다. 황건적의 난이 발생하던 18세에 즉위하여 위나라가 삼국을 통일하기 직전에 71세로 죽었으니 그야말로 삼국시대를 오롯이 살아간 인물이다. 다만 너무 장수한 탓에 손권 역시 아들들 간의 권력 분쟁을 명확히 정리하지 못하였다. 삼국지 『오주전』에 따르면 손권은 말년에는 의심이 많고 사람을 죽이는 데 주저함이 없었으며 특히 아들과 손자를 죽이는 우를 범하였다. 진수는 평하기를 손권이 신중하게 자손의 안전을 계획하지 못한 탓에 후대가 쇠미하여 나라가 망하게 되었다고 적었다. 프랑소와 트뤼포 감독의 명작 '400번의 구타'에는 주인공 아빠의 명대사가 있다. "바캉스에 대해서는 일찍 생각해도 지나치지 않지." 생각건대 아무리 일찍 준비해도 지나치지 않는 것이 바로 바캉스와 은퇴다. 일하는 것만큼 잘 노는 것도 중요하고 특히 잘 물러나서 후대에 전하는 것은 더 중요하니까.

제환공(齊 桓公, 기원전 720~643)

춘추시대 제나라의 임금으로 성은 강(姜), 휘는 소백(小白)이며 강태공의 12세
손이다. 구위 계승 분쟁에서 규에게 승리하여 제나라 군주가 되었다. 분쟁 당
시 자신에게 화살을 쏘았던 관중을 재상으로 등용하여 제나라를 강대국으로
만들었고 춘추시대 첫 패자가 되었다. 관중이 중병에 들자 환공은 누가 뒤를
이을지 물었고 관중은 "신하는 군주가 잘 아는 법입니다"라고 답했다. 자신의
아들을 죽여서 그 고기를 환공에게 바쳤던 역아, 자기 나라를 버리고 환공을
따랐던 개방, 거세하고 환공을 따랐던 수초에 대해 차례로 묻는 환공에게 관
중은 셋 모두 멀리하라고 답하였으나 환공은 이들을 차례로 등용하였고 제나
라는 혼란에 빠지고 만다.

▎관중이 쏜 화살을 맞은 제환공. 2018. 4. 28.

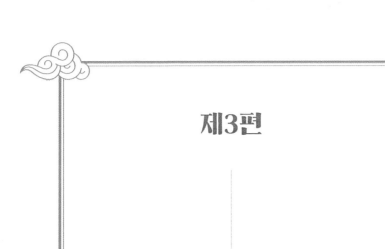

제3편

인의의
오뚝이
유비

사천성 성도,
한소열묘를 찾아서

▌ 사천성 성도(四川省 成都) 진리 거리, 2016. 6. 1.

답사를 다녀본 곳 중에서 아이를 데리고 가기 좋은 곳을 한 군데만 고르자면 사천성 성도에 있는 유비의 무덤인 한소열묘를 추천하겠다. 유관장 삼형제와 제갈량을 모두 한곳에서 만날 수 있고 대도시에 있어서 지하철과 시내 교통도 편리하고 무엇보다 바로 옆에 각종 먹거리가 가득한 사진 속 진리(錦里) 거리가 있다. 우리 부자는 길거리에서 양꼬치를 구워 팔면 대체로 사 먹는 편이었는데 맛있어서 더 사 먹은 적도 여러 번이다. 중국은 길거리 허름한 노점에서 2위안짜리 양꼬치를 사도 QR코드를 찍고 스마트폰으로 결제하는 것이 보편화되어 있다. 아들과 첫 답사를 갔던 2014년에 이미 모바일 결제 시장 규모가 10조 위안에 육박할 정도로 신용카드를 건너뛰고 스마트페이로 직행한 나라가 바로 중국이다.

때문에 거스름돈이 없는 노점이 많아서 항상 잔돈을 조금 가지고 다녀야 했다. 길거리 사람들과 자동차 그 어디를 봐도 우리가 1인당 국민소득이 더 높은 나라인데 그들보다 덜 선진화된 방식인 현찰로 길거리 음식을 사자니 묘한 열등감이 들었다. 우리나라는 통신 인프라가 좋고 스마트폰 보급률이 높지만 역설적으로 신용카드 보급률도 높아서 스마트페이 전환이 느리다. 드보락 자판의 키 배치가 더 효율적이고 타이핑을 더 빠르게 할 수 있지만, 100년 전 타자기 때문에 일부러 덜 효율적으로 만든 자판인데도 익숙하다는 이유로 쿼티 자판을 바꾸지 못하는 것처럼 불편한 관습에 익숙해질수록 혁신은 멀어진다.

삼국시대 당시 사천성의 지명은 익주(益州)였다. 삼국지『제갈량전』에 따르면 제갈량은 '익주는 요새가 튼튼하고 기름진 들판이 1,000리나 되어 천연의 보고이며 고조께서 이것을 기초로 하여 제업을 이루셨습니다'라고 형주와 더불어 익주를 거점으로 추천하였다. 중국 지도를 보면 사천성 중부와 동부는 거대한 분지 지형이라 이곳으로 들어오려면 한중의 높은 산맥을 통과하거나 장강삼협의 험준한 계곡을 거슬러 올라와야 한다. 분지 내부에는 장강이 관통하고 넓은 평야 지대가 있어서 고대로부터 농업이 발달했고 습하고 더운 기후 탓에 매운 요리로 유명하다. 한고조 유방이 사천의 풍부한 자원을 기반으로 한나라를 창업하였고 삼국시대 제갈량도 늘 성도에 남아 지키면서 유비군의 식량과 군수물자를 충분하게 했다. 여담이지만 사천성은 고대부터 곡물 생산량 1위 지역답게 백주도 발달했는데 내가 중국 술 중에서 최애하는 우량예(五粮液, 오량액)도 바로 사천성 술이다.

유비는 어떻게 창업할 수 있었나?

성도(成都, Chengdu)

중국 사천성(四川省)의 성도이며 기원전 춘추시대에는 촉나라 수도였다. 파촉 지방은 파나라였던 충칭 일대와 촉나라였던 사천성을 합하여 부르는 말이다. 당나라 시인 이태백이 "촉으로 가는 길, 하늘로 향하는 길보다 더 어렵다(蜀道難, 難于上靑天)"라고 했을 정도로 험준한 산에 둘러싸인 분지이다. 진나라 말기에 잠시 패권을 장악했던 항우가 중국 여러 지역을 쪼개어 제후들에게 봉지로 내릴 때 유방에게는 파촉을 맡겨 견제했다. 비록 지리적으로 중원에서 소외되어 있었지만 파촉의 생산력을 기반으로 유방은 관중을 차지하고 한나라를 세웠다. 「출사표」를 올린 제갈량도 파촉의 물자를 동원하여 5차례 북벌을 단행했다.

▌성도 무후사 「출사표」, 2016. 6. 1.

역경은 극복하기 위해 존재하는
통과의례일 뿐

▌사천성 성도(四川省 成都) 한소열묘, 2016. 6. 1.

일본인 투수 노모 히데오는 미국 야구 메이저리그의 내셔널과 아메리칸 양대 리그에서 모두 노히트 노런을 기록한 4번째 투수이다. 그전에는 사이 영, 짐 버닝, 놀란 라이언이 있었고 그 후에 랜디 존슨도 대기록을 달성했다. 특히 1996년 노모 히데오가 첫 번째 노히트 노런을 한 곳은 해발 1,600미터 콜로라도 덴버에 위치하여 투수들의 무덤이라 불리는 쿠어스 필드였다. 우리나라로 치면 설악산 정상에 야구장이 있는 셈인데 공기의 밀도가 낮아서 타구가 더 멀리 날아간다. 펜스까지의 거리가 10% 줄어드는 효과가 있기 때문에 공을 가습실에 보관한다.

주목할 부분은 노모 히데오의 쿠어스 필드 통산 방어율이 8.05라는 점이다. 고전하던 구장에서 대기록을 달성할 수 있었던 비결은 무엇일까? '투수의 마음가짐에서 가장 중요한 것은 무엇인가'라는 질문에 그는 이렇게 답했다. "두들겨 맞더라도 아래를 바라보지 않는 것이다. 모두 투수를 바라보고 있다. 항상 공격적인 자세로 마운드에 서 있는 것이 중요하다." 안타를 맞고 수비하러 홈 뒤로 뛰어갔다가 실점 후에 마운드로 다시 걸어오면서도 절대 아래를 바라보지 않아야 한다고 덧붙였다. 타이거 우즈는 2021년 마스터스 마지막 날 12번 한 홀에서만 세 번의 해저드와 벙커까지 무려 7오버타를 기록했다. 멘탈이 부스러기가 되고도 남았을 법한데 놀랍도록 침착했던 우즈는 13번부터 남은 6개 홀에서 버디를 5개나 잡아냈다. 문제의 12번 홀에서 홀아웃을 할 때 홀컵에서 공을 꺼낸 후 여느 때와 다름없이 발자국을 퍼터로 툭툭 치며 정리하는 강한 멘탈이 있었기에 가능했을 것이다. 역시 어려울 때 진짜 실력이 나오는 법이다.

　유비에게는 처자식도 버리고 도망칠 정도의 패배가 다반사였다. 삼국지『위무제기』에 따르면 서기 200년 조조는 동쪽으로 유비를 토벌하여 그 병력을 다 손에 넣었으며 유비의 처자식을 포로로 잡고 아울러 관우를 사로잡아 돌아왔다. 또 207년에는 유비가 처자식을 버리고 제갈량, 장비, 조운 등의 수십 기마와 달아나자 조조는 백성과 군수물자를 크게 거두어들였다. 항우 같았으면 몇 번을 자결했을 상황이지만 유비의 멘탈은 노모 히데오와 타이거 우즈를 합한 것보다 더 강력했다. 유비에게 승패는 병가지상사(兵家之常事), 역경은 극복하기 위해 존재하는 통과의례일 뿐이었다. 두들겨 맞았지만 결코 쓰러지지 않았던 유비는 결국 형주와 익주를 차지하고 제위에까지 올랐다. 파산 직전의 일본항공 JAL을 2년 8개월 만에 회복시킨 쿄세라 창업자 이나모리 가즈오는 말했다. "세상에 실패는 없다. 포기했을 때 그것이 실패다." 야구도 골프도 그리고 인생도 멘탈인 것이다.

　유비는 어떤 리더였는가?

유비(劉備, 161~223)

촉한의 초대 황제, 자는 현덕(玄德)이다. 공손찬 휘하에 있다가 도겸에게 서주를 물려받았다. 이를 여포에게 뺏기자 조조에게, 그 후에는 유표에게 의탁하였다. 얹혀살면서도 수치로 생각하지 않았고 잘 울어서 동정심도 잘 구했다. 청나라 때 리쭝우(李宗吾)는 『후흑학』에서 이런 유비를 얼굴 두꺼운 면후(面厚)의 고수로 꼽았다. 하지만 유비가 왜 번뇌가 없었으랴. 형주에서 유표에게 의탁할 때 유비는 말을 탄 지 오래되어 넓적다리에 살이 붙은 것을 보고 눈물을 흘렸다. 비육지탄(髀肉之嘆), 허송세월하며 나이 먹는 걸 한탄하는 말이다. 나이 육십에야 제위에 오른 유비의 일생은 비육지탄의 번뇌와 싸워서 이긴 결과이다.

▌ 한소열묘 유비상. 2016. 6. 1.

3

믿음의 리더십,
의심하지 않는다

▌사천성 성도(四川省 成都) 한소열묘, 2016. 6. 1.

정사에 기록된 유비의 외모는 매우 독특하다. 삼국지『선주전』에 따르면 유비는 손을 아래로 내리면 무릎까지 닿았고 눈을 돌려 자기 귀를 볼 수 있었다고 한다. 만화『고우영 삼국지』를 보면 무릎까지 내려오는 긴 팔에 코끼리처럼 큰 귀까지 정사에 기록된 그대로 유비를 그린 그림이 나온다. 고 화백께서 그림에 '이게 어디 사람의 모양인가?'라고 적으셨는데 만화를 보면 정말 웃음이 절로 나온다. 사진은 사천성 성도 한소열묘에 있는 유비의 사당에서 무덤으로 들어가는 대나무 길이다. 사당에서 하나같이 인자하고 근엄한 모습의 유비 동상들을 볼 때마다 자꾸『고우영 삼국지』에서 본 외계인 같은 유비 그림이 생각나는 것은 어쩔 수 없었다.

『명심보감』 성심편에 '의인막용 용인물의(疑人莫用 用人勿疑)', 즉 의심스러운 사람은 쓰지 말고 썼으면 의심하지 말라고 했다. 최고 수준의 용인물의는 유비가 죽기 전 제갈량에게 나라와 아들을 부탁하는 것에서 볼 수 있다. 삼국지『제갈량전』에 따르면 유비는 병세가 위중하자 제갈량을 불러 뒷일을 부탁했다. '당신 재능은 조비의 열 배는 되니 틀림없이 나라를 안정시키고 끝내는 큰일을 이룰 것이오. 만일 유선이 보좌할 만한 사람이면 보좌하고 재능이 없다면 당신이 스스로 취하시오.'

또 후주 유선에게 조서를 내려 말했다. '너는 승상과 함께 나라를 다스리고 그를 아버지같이 섬거라.' 아들에게 나라를 물려주는 것이 아니라 능력 있는 인재에게 나라를 선양한 것은 요임금이 순임금에게 했던 일로, 역사로 봐도 고대인 요순시대에나 있던 일이다. 비록 유비가 선양을 했던 것은 아니지만 유비는 제갈량 외에도 관우, 장비, 조운, 황충, 마초 등에게 의심이 없었다.

소설『삼국지』에서 장료는 조조에게 유비보다 더 두터운 은혜를 관우에게 베풀어 마음을 얻으라 권하며 '승상은 예양의 중인국사론을 알지 못하십니까?'라고 묻는다. 예양(豫讓)은『사기』자객열전에 나오는 사람으로 처음에 범씨와 중행씨를 도왔다가 후에는 지백에게 등용되었다. 지백이 죽자 예양은 새로운 실권자인 조양자에 대한 복수에 나섰다. 온몸에 옻칠을 하고 숯을 삼켜 벙어리 행세까지 하였으나 결국 체포되었다. 조양자가 왜 범씨와 중행씨를 궤멸시킨 지백에게는 복수하지 않고 자신에게만 복수를 하려 하느냐고 물었다. 예양은 범씨와 중행씨는 자신을 중인(中人)으로 대해서 자신도 보통 사람으로 보답하였고 지백은 자신을 국사(國士)로 대접했으니 자신도 국사로 보답한다고 답했다. 유비가 인재들을 알아보고 의심 없이 국사로 예우한 것은 외모만큼 비범한 리더십이다.

유비는 어떤 평가를 받고 있나?

관제시죽(關帝時竹)

조조에게 의탁하던 관우가 유비에게 썼을 법한 편지로 청나라 때 창작한 것이다. 얼핏 보면 글자는 없고 대나무 그림만 있는데 그 잎들을 연결하면 암호처럼 스무 글자가 된다. 몸은 동군(조조)에게 있지만 마음은 유비를 향하는 관우의 충심을 나타냈다. 유비가 관우를 형제처럼 대했다는 기록은 정사 곳곳에 남아 있으니 실제라 해도 좋을 만하다. 섬서성 서안 비림박물관에서 관제시죽 탁본을 살 수 있으며 아래와 같이 시작한다.

동군의 호의에 감사하지 않고
不謝東君意
붉고 푸르게 홀로 이름을 세우리.
丹靑獨立名

▍형주 관제묘 관제시죽 비석, 2017. 8. 9.

유비와 조조,
누가 더 정통성이 있는가?

❚ 안휘성 마안산(安徽省 馬鞍山) 채석기, 2019. 5. 2

조조의 위나라와 유비의 촉나라 중 누가 한나라의 정통을 이어받았는가는 오랜 논쟁거리이다. 정사『삼국지』를 쓴 진수는 위나라를 정통으로 삼고 역사를 기술하였다. 조조의 아들 조비가 한나라 헌제에게 선양받은 것을 적법한 형식으로 본 것이다. 한나라 영토 13주 중에서 위나라가 9주를 차지하였고 인구와 병력도 대부분 이어받은 것을 근거로 든다. 그래서 정사『삼국지』에 조조는 황제인 무제(帝), 유비는 선주(主)로 기록하였다. 이후 남송과 명나라 때 와서는 촉한정통론이 득세하게 된다. 의리와 명분을 중시했던 주희는 선양이 강제적으로 이루어져 찬탈에 불과하고 한나라를 명분상 계승한 것은 촉한으로 보았다. 유비가 혈통을 앞세웠고 국호를 한(漢)으로 삼았으며 헌제에게 시호를 올리는 등 한나라 재건을 명분으로 인재를 모았으므로 정통성이 있다는 것이다. 나관중의 소설『삼국지연의』도 이에 기반하였다.

정통성 논쟁은 논외로 하더라도 조조는 적어도 명분을 잃지는 않았다. 조조는 황제가 된 적이 없고 그가 죽은 후 아들 조비가 황제가 되어 선왕인 조조를 무제로 추존했을 뿐이다. 또 조조는 유비를 매우 두텁게 예우했다. 삼국지『선주전』에 따르면 유비가 여포에게 져서 조조에게 몸을 의탁하였는데 조조는 밖으로 나갈 때는 유비와 같은 수레에 탔으며 앉을 때는 자리를 같이했다. 조조는 유비에게 "지금 천하에 영웅이 있다면 당신과 나뿐이오. 원술 같은 사람은 그 안에 들지 못하오"라고 말했다. 유비는 책을 좋아하지 않았고 지략이 조조에 미치지 못했다. 그러나 조조의 평가처럼 유비도 영웅인지라 비록 국토가 좁았으나 끝까지 조조의 신하가 되지는 않았다.

사진은 안휘성 마안산에 있는 채석기(采石磯)다. 술과 달을 사랑했던 당나라 시인 이태백이 말년을 보낸 곳으로 장강에 비친 달을 잡으려다 익사했다는 곳이기도 하다. 열 살 아들은 더 이상 그냥 따라오는 어린아이가 아니었다. 덕분에 나 혼자라면 절대로 하지 않았을 안전그물도 없는 리프트를 타고 태백루를 올라갔다 왔다. 이백이 쓴 시 중에 임금의 길을 노래한 군도곡(君道曲)이 있는데 소백(제환공)과 이오(관중), 유비와 제갈량의 수어지교를 노래하며 다음과 같이 끝난다.

소백에게 이오는 기러기의 날개였고
小白鴻翼于夷吾
유비와 제갈량은 물고기와 물 하나였네.
劉葛魚水本無二
흙을 다지면 담장이 되듯이
土扶可成牆
덕을 쌓으면 온 세상을 넉넉하게 한다네.
積德爲厚地

유비의 자 현덕은 무슨 뜻일까?

도광양회(韜光養晦)

뜻을 숨기고 인내하며 때를 기다린다는 말로 삼국지에서는 유비가 조조에게 몸을 의탁했던 상황을 이른다. 조조의 부하들은 훗날을 위해 유비를 죽이자고 조조에게 청하였다. 가시방석에 앉은 유비는 조조의 경계심을 풀기 위해 밭일로 소일하였고 조조와 청매정에서 식사할 때는 '영웅'이라는 말을 듣자 천둥소리에 놀란 듯 수저를 떨어뜨리기도 했다. 1990년대 중국은 서방을 자극하지 않고 협력하는 도광양회 전략을 취했다. 덩샤오핑이 28자 방침으로 밝힌 외교 전략 중 하나였다. 장쩌민, 후진타오 주석 시대까지 유지되어 미국과 노골적으로 대립하지 않았으나 이제는 옛말이 되어버렸다.

▌ 조조와 유비의 청매정 대회, 2016. 6. 4.

현덕,
낳고도 소유하지 않는다

❙ 상해(上海) 루쉰 공원 윤봉길 의사 기념비, 2015. 5. 4.

유비의 자는 현덕(玄德)이다. 노자 『도덕경』 제51장을 보면 현덕이란 낳고도 소유하지 않고(生而不有), 위하고도 그 공을 자랑하지 않으며(爲而不恃), 키우고도 지배하지 않는 것을(長而不宰) 이르러 현덕이라 한다(是謂玄德). 아들이 다섯 살 때부터 6년 동안 매년 단둘이 중국을 여행하면서 아들은 내가 낳은 자식이지만 소유할 수 없는 영혼이라는 당연한 사실을 절감하였다. 지금보다 말도 더 잘 듣고 아비를 더 의지하던 나이였음에도 되려 내가 아들을 여행의 동반자로 의지하였고 무엇을 먹을지 어디를 갈지 의논하였다. 비록 1년 중 일주일이었지만 타국에서 온전히 둘만 있던 시간들은 나이테처럼 쌓여서 일종의 연대감을 형성하게 되었다.

학기 초에 아들이 다니는 학교에서 문장 완성하기 숙제가 있었는데 그중에 '우리 아빠는' 뒤에 빈 줄이 있었다. 뭘 적었나 궁금해서 저녁에 아들 책상 위를 슬쩍 봤더니 '항상 나를 응원한다'라고 적혀 있었다. 나는 살면서 남들에게 큰 소리를 잘 내지 않는 사람인데 유일하게 아들에게는 화를 내고 큰 소리를 친다. 그래서 아내가 내 등을 떠밀다시피 추진한 것이 바로 아들과 단둘이 떠나는 여행이었다. 여행을 다녀오면 애틋한 마음이 생기는지 얼마간은 아들이 집에 오면 아빠 언제

오느냐고 묻는다고 했다. 나도 귀국 후 며칠은 회사에서 일하다 문득 아들이 뭐 하고 있을까 궁금했던 적이 있다. 물론 단둘이 여행을 했다고 해서 내가 화를 안 내거나 아들이 반항을 안 하는 것은 아니다. 가끔 화도 내고 반항도 하지만 마음속에는 오뚝이처럼 결국 제자리로 돌아온다는 확신이 생겼다.

사진은 상해에 있는 루쉰 공원이다. 루쉰은 명작 『아Q정전』에서 '정신승리'라는 개념을 창작한 문학가이자 사상가이다. 루쉰 공원의 원래 이름은 홍커우 공원으로, 1932년 4월 29일 스물다섯 살 윤봉길 의사가 일본군 대장을 죽인 바로 그곳이다. 넓은 공원 안에서 윤봉길 의사의 의거 현장과 기념비를 찾아서 길을 좀 헤매고 있었는데 갑자기 반가운 한글로 '윤봉길 기념관'이라 적힌 안내판이 나타났다. '중국 100만 대군도 하지 못한 일을 조선의 한 청년이 해냈다'라고 장제스가 극찬했던 것이 떠올랐다. 내가 평소에 특별히 애국심 강한 사람은 아니지만 중국에서 한글로 된 윤봉길 세 글자를 보자 울컥하고 뭔가가 올라와 목이 메었다. 왜 그러냐고 묻는 아들에게 눈물을 감추며 화제를 돌리려 되물었다. "우리 나중에 몇십 년 후에도 중국 여행 계속 올 수 있을까?" 아직 존댓말을 쓰기 전이었던 여섯 살 아들이 손을 잡고 걸으며 대답했다. "응, 내가 아빠를 데리고 올 거야."

도원결의(桃園結義)

유비, 관우, 장비가 복숭아밭에서 의형제를 맺은 일을 말한다. 의기투합하는 일을 뜻하는 관용어처럼 쓰인다. 정사에는 찾아볼 수 없는 소설이라는 점이 아쉬운데 삼국지 『관우전』에는 '유비가 고향에서 병사들을 모을 때 관우는 장비와 함께 호위했다'가 전부다. 하지만 유관장 삼형제가 의형제처럼 지냈다는 정사의 기록은 풍부하다. 『관우전』에 따르면 유비는 잠잘 때도 두 사람과 함께했으며 정이 형제 같았고, 관우와 장비는 늘 유비 곁에 있었으며 유비를 따라 고난과 험난함을 피하지 않았다. 여담이지만 대만의 수도인 타이베이로 가는 관문인 국제공항 이름도 바로 도원(桃園, Taoyuan)이다.

❙ 도원결의, 2016. 6. 4.

제4편

신이 된
사나이
관우

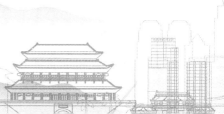

호북성 형주,
관제묘를 찾아서

| 호북성 형주(湖北省 荊州) 관제묘(關帝廟), 2017. 8. 8

아들에게 다녔던 중국 도시 중에서 어디가 제일 좋았는 지 물어보면 형주라고 답한다. 형주(荊州)는 후한 행정구역 13주 중에서 가운데에 위치하여 삼국이 모두 탐을 냈던 지역이다. 삼국시대에 형주라는 지명은 지금 중국의 성이나 우리나라의 도에 해당하는 광역지역 이름이었고 현재 호북성과 호남성 일대가 형주였다. 황제의 무덤이 많아서 강릉, 이릉 등 지명에 릉이 많고 오늘날 호북성 형주시도 삼국시대에는 형주 중 강릉이었다. 적벽대전 이후 유비가 차지하였고 관우가 주둔하며 제갈량의 천하삼분지계 전략상 교두보 역할을 하였다. 관우 답사지는 수급이 묻힌 하남성 낙양 관림, 몸이 묻힌 호북성 당양 관릉, 고향인 산서성 해주 관제묘가 있지만 살아생전 관우의 자취가 가장 많이 남아 있는 곳은 7년간 주둔했던 형주다.

형주는 성벽과 해자가 도심을 둘러싸고 있어서 성벽 위를 걷기가 좋다. 동문에서 출발하는 것이 좋은데 동문은 성문 밖에 반원형 외벽이 둘러져 있는 옹성 구조로 유비도, 육손도 이 문으로 형주에 들어왔다. 남문 근처에는 사진에 있는 관우 사당인 관제묘가 있다. 기품 있는 관우 동상 뒤로 관우의 충성과 의리가 오랜 세월이 지나도 영원하다는 충의천추(忠義千秋) 편액이 보인다. 이곳은 관우가 형주에 주둔할 때 관저가 있던 곳으로 중일전쟁 때 소실되어 재건되었다. 관제묘 북쪽으로 걸어갈 수 있는 거리에 형주병원 입구에는 소설 속 화타에게 팔을 치료받으며 바둑을 두는 관우 동상이 있다. 실제로는 바둑이 아니라 연회 중이었고 오른팔이 아니라 왼팔, 그리고 화타가 아닌 그냥 의원이었다. 하지만 그냥 그대로 형주병원에 너무 잘 어울린다 싶으니 실로 이야기의 힘은 강하다.

우리나라에도 임진왜란 이후 관왕묘라는 이름으로 관우의 사당이 전국에 세워졌다. 서울에는 사대문 밖에 모두 네 개의 관왕묘가 있었다. 그중에 서관왕묘와 북관왕묘는 일제가 철거하였고 남관왕묘는 현충원 남쪽 산속으로 옮겨져 원래 모습을 잃었다. 동관왕묘가 유일하게 원래 위치에 그대로 남겨져 보물로 지정되어 있다. 명칭에서 관왕은 쏙 빠지고 동묘로 불리어 관우의 사당보다는 동묘시장과 동묘역으로 더 알려져 있다. 조조가 주었던 황제의 재물과 명예를 뒤로 하고 성공이 불확실한 의형제와 약속을 중히 여겼던 의리의 화신 관운장, 그의 고매한 넋을 기리는 사당은 오늘날 서울 한복판에서 인간적인 시장의 이름이 되어 사람들 입에 오르내리고 있다.

관우는 어떤 인물이었나?

형주(荊州, Jingzhou)

삼국지 『관우전』에 따르면 관우는 날아오는 화살에 왼쪽 팔이 꿰뚫린 적이 있었다. 의원이 말했다. "화살촉에 독이 있었는데 그 독이 뼛속으로 들어갔습니다. 팔을 찢어서 뼛속의 독소를 없애면 통증이 사라질 것입니다." 관우는 곧 팔을 펴고 의원에게 찢도록 했다. 그때 관우는 마침 장수들을 초청하여 연회를 열고 있었다. 팔에서 나는 피가 흘러 떨어져 그릇에 가득했지만 관우는 구운 고기를 자르고 술을 마시며 평소처럼 웃으면서 말을 하였다. 아래 사진 형주병원 앞 동상은 소설 속 장면을 재현하여 화타에게 치료받으며 바둑을 두는 모습이다. 비록 정사의 기록이 소설과는 다르지만 무신으로 추앙받기에 충분히 용맹했다.

❚ 형주병원 앞 관우상, 2017. 8. 8.

미염공,
데운 술이 식기 전에 적장을 베다

| 호북성 당양(湖北省 當陽) 관릉(關陵), 2017. 8. 7

소설 『삼국지』가 묘사하는 관우는 2m가 넘는 큰 키, 대추와 홍시에 비유되는 붉은색 얼굴, 길이 50cm의 수염, 그리고 무게 18㎏의 청룡언월도를 든 용맹한 사람이었다. 관우의 긴 수염은 아름답고 인상적이었던 것으로 정사에도 기록되어 있다. 삼국지『관우전』에 따르면 마초가 유비에게 투항해 오자 관우는 제갈량에게 편지를 써서 마초의 인품과 재능이 누구와 비교할 만한지를 물었다. 제갈량은 우위를 지키려는 관우의 마음을 알았으므로 "미염공(美髥公) 당신의 걸출함에는 미치지 못합니다"라고 답했다. 소설에서는 '미염공'이라는 표현을 황제인 헌제가 관우의 수염을 처음 보고 부른 것으로 되어 있다. 유혈이 난무하는 전장에서 긴 수염을 날리며 수많은 장수들을 한칼에 찌르고 수급을 베었던 관우는 분명 싸움의 신이었다.

소설에서 관우의 무공이 처음으로 빛나는 장면은 술이 식기 전에 화웅을 벤 전투이다. 후한말 동탁이 황제를 멋대로 바꾸고 전횡을 일삼자 이를 토벌하기 위해 원소, 조조, 손견과 공손찬을 비롯한 군웅들이 연합하였다. 기세 좋게 모였으나 나가는 장수마다 동탁의 선봉장 화웅에게 막혀 줄줄이 목이 떨어지고 첫 전투부터 어려움에 빠졌다. 무명인 관우가 화웅의 목을 베어 오겠노라 자청하고 나서자 원소와 원술

형제가 이를 나무라며 무시하고 비웃었다. 조조는 관우가 범상치 않음을 알아보고 데운 술을 한 잔 권하며 마시고 말에 오르라 청하였다. 술을 놓아두면 곧 돌아와 마시겠노라 사양하며 청룡언월도를 들고 말을 몰고 나간 관우는 단숨에 화웅의 목을 베어 돌아왔고 그때까지도 부어 놓은 술이 따뜻했다고 한다.

사진은 관우의 몸이 묻혀 있는 호북성 당양 관릉(關陵)이다. 당양은 삼국 초기 장판파 전투가 벌어졌던 곳으로 조자룡이 유비의 아들 아두를 구했고 장비가 다리를 끊고 고함을 치며 조조군의 공격을 막았던 격전지였다. 시내 로터리에 말을 탄 조자룡 동상 바로 옆에 장판파 공원이 있고 관릉은 이곳에서 차로 5분여 거리이다. 사진 속 관릉 배전 양쪽 기둥에는 후대에 관우를 노래한 시가 적혀 있다. 주(州), 덕(德) 두 글자 라임과 느낌이 좋아서 한자를 잘 모르지만 읽으려고 애쓰며 기둥 앞에 한참을 서 있었다.

포주에서 나서 해주에서 자라고 서주에서 싸우고 형주를 지키니,
生蒲州 長解州 戰徐州 鎭荊州
만고에 신주가 유혁하도다.
萬古神州有赫
현덕을 형으로 익덕을 동생으로 방덕을 붙잡고 맹덕을 놓아주니,
兄玄德 弟翼德 擒龐德 釋孟德
천추에 지덕이 무쌍하도다.
千秋智德無雙

모두가 칭송하는 관우의 활약들은 다 사실일까?

당양(當陽, Dangyang)

당양은 조조의 근거지 허도에서 형주로 가는 길목이었다. 실제 장판파 전투가 벌어졌던 곳은 현재 당양시 보다 동쪽 형문(荊門)이라는 것이 정설이다. 정사 『조운전』에 따르면 유비가 조조에게 장판까지 추격당하여 처자식마저 버리고 남쪽으로 달아났을 때 조운은 직접 어린 유선을 품에 안고 감부인을 보호하여 난을 모면하게 했다고 한다. 『장비전』에 따르면 유비는 달아나며 장비에게 기병 스무 명으로 뒤를 막게 했다. 장비는 다리를 끊고 눈을 부릅뜨고 창을 비껴 잡으며 말했다. "나는 장익덕이다. 나와 함께 죽음을 결정 지으며 싸울 수 있겠는가!" 적군은 감히 가까이 다가가는 자가 없었고 이로써 유비는 위기를 벗어나게 되었다.

▌ 장판파 공원 아두를 구하는 조자룡 동상, 2017. 8. 7.

사람으로 태어나
신이 된 사나이

▍호북성 당양(湖北省 當陽) 관릉(關陵), 2017. 8. 7

관우의 수급이 묻힌 낙양 관림, 몸이 묻힌 사진의 당양 관릉 등 중국에서 관우의 자취가 조금이라도 남아 있는 곳이라면 어디에서나 청룡언월도와 적토마는 쉽게 만날 수 있다. 두 기물은 관우의 상징처럼 전시되고 기억되고 있지만 엄밀히 보면 역사적 사실과는 부합하지 않는다. 언월도라는 무기는 당나라 무렵부터 사용된 무기이고 삼국지『관우전』에도 전혀 기록이 없다. 적토마도 삼국지『여포전』에 '여포는 적토라는 이름의 좋은 말을 가지고 있었다'라는 한 줄 언급이 있을 뿐이다. 그 주석에는 '사람 중에는 여포가 있고, 말 중에는 적토가 있다(人中有呂布, 馬中有赤兔)'라는 말이 당시 사람들 사이에 전한다고 했다. 조조가 여포를 죽인 후 적토마를 거두었다가 관우를 회유하려 주었다는 것은 아쉽지만 소설인 것이다. 조조의 온갖 선물들에 눈도 꿈쩍 않던 관우가 적토마를 받자 유비에게 빨리 돌아갈 수 있다며 기뻐했다는 것 또한 역사적 사실은 아니다.

『삼국지강의(이중톈)』에도 적토마를 타고 청룡언월도를 휘두르는 관우는 역사적 형상이 아니라 문학적 상상에 불과하다고 지적한다. 사실 소설『삼국지』가 관우에 대해 문학적 상상력을 펼치는 장면들은 여럿 있다. 술이 식기 전에 관우가 화웅을 베었다는 이야기는 정사『관우전』

에는 전혀 언급이 없고, 화웅을 벤 것은 손책 손권 형제의 아버지인 손
견이라고『손견전』에 기록되어 있다. 또 소설에는 관도대전에서 관우가
원소의 두 장수 안량과 문추를 모두 베었지만『관우전』에 따르면 실제
관우가 벤 것은 안량뿐이다. 안량을 벤 후 유비에게로 돌아갈 때 거쳤
다는 다섯 관문도 지리적으로는 불가능하고, 그때 베었다는 여섯 장수
도 모두 허구의 인물이다.

 이처럼 소설『삼국지』에는 관우에 대한 애정이 장강의 물결처럼 넘쳐
흐르는데 심지어 오늘날 중국에서 관우는 신격화되어 있다. 관우의 시
호도 명나라와 청나라를 거치면서 제후에서 왕으로, 다시 황제로 격상
되었고 최종 시호는 충의신무(忠義神武)에서 관성대제(關聖大帝)로 끝나
는 무려 26글자다. 중국인들 대부분은 관우의 이름을 함부로 부르지
않는다. 적벽에서 디디추싱 차를 운전하던 중국인 기사와 하지도 못하
는 중국어로 관우에 대한 대화를 몇 마디 나누었다. 대화 중에 문득
나는 '관위(Guan wu)'로 부르고 그는 '관공(Guwan gong)'으로 부르고 있
는 것을 깨닫고 머쓱했던 적이 있다. 일반적으로 중국인들은 관우를
관공이나 관제로 높여 부른다. 중국을 여행하거나 출장을 다녀보면 식
당이나 호텔에서 재물신으로 숭배되는 긴 수염의 붉은색 얼굴을 한 관
성제군을 쉽게 만날 수 있다.

 관우는 어떻게 사람으로 태어나 신이 된 것일까?

관우(關羽, 161?~219)

중국 삼국시대 촉나라 장수로 자는 운장(雲長)이다. 하동군 해현 사람으로 탁군에서 유비가 군사를 모을 때 장비와 함께 호위하며 그 후로 형제처럼 지냈다. 삼국지 전체를 통틀어 유비는 군대를 나누면 반드시 나머지는 관우가 이끌게 하였다. 관우는 사후에 제후에서 왕으로, 다시 황제로 격상되며 명나라와 청나라 여러 황제들에 의해 시호가 더해졌는데 최종 시호는 모두 스물여섯 글자로 '충의신무영우인용위현호국보민정성수정익찬선덕관성대제(忠義神武靈佑仁勇威顯護國保民精誠綏靖翊讚宣德關聖大帝)', 줄여서 관성대제(關聖大帝) 또는 관제(關帝)다. 참고로 촉한의 황제였던 유비의 시호는 소열제(昭烈帝)다.

▌관림 관성제군상, 2014. 12. 29

의리의 화신,
낙양 관림에 머리가 묻히다

┃ 하남성 낙양(河南省 洛陽) 관림(關林), 2014. 12. 29.

서기 200년 조조는 유비의 처자식을 포로로 잡고 관우를 사로잡아 편장군으로 삼았다. 조조는 관우의 사람됨을 알아보았기에 떠날 것을 염려하였다. 그해 봄 관우가 원소의 선봉장 안량을 죽이자 조조는 황제에게 고하여 관우를 제후의 반열에 올려 한수정후로 봉하였다. 관우가 황제에게 처음으로 받은 큰 상이고 삼국 역사를 통틀어 단연 관우가 가장 빛나는 장면이다. 이 무렵 유비는 세력 근거지도 한 평 없었고 황실 후손이라 하나 어려움에 처하면 처자식을 버리고 달아나기 바빴다. 유비를 따른다 한들 제후라는 명예와 부를 누린다는 것은 상상조차 힘들다. 하지만 관우는 조조가 내린 상을 모두 봉한 채 편지를 남기고 유비에게 돌아갔다. 재물이 아니라 사람으로서 의리와 신뢰를 지키는 의사결정, 인간 관우가 의리의 화신이 되는 순간이었다. 눈앞의 이익을 제치고 고객 신뢰를 좇을 수 있는 리더가 과연 몇이나 되랴. 조조는 부하들에게 관우를 쫓지 말라고 했다.

219년 손권이 관우의 수급을 조조에게 보내자 조조는 제후의 예를 갖추어 낙양성 외곽에 장례를 치렀다. 지금의 관림(關林)이다. 원래 무덤만 있던 것을 명나라 때 사당을 짓고 측백나무를 심으며 규모가 커졌고 청나라 때 지금 모습이 되었다. 2014년 12월 29일 월요일 아침 관림 입구 광장에 도착하니 한겨울답지 않은 포근한 날씨가 반겨주었다. 광장을 지나면 청나라 때 만든 대문이 나오는데 양쪽 담에 충의(忠義)와 인용(仁勇)이 전서로 커다랗게 쓰여 있다. 충성과 의리, 인자함과 용맹함이야말로 관우를 잘 표현하는 말이다 싶은데 정작 다섯 살배기가 더 관심 있는 것은 광장을 뛰어다니는 또래 꼬맹이들이나 애완견이었다. 사실 여행에서 아들에게 무언가를 가르칠 의도는 없다. 그저 아비와 어딘가를 같이 다니고 소소한 대화를 나누며 함께 시간을 보내는 일이 자연스럽기를 소망할 뿐이다. 신이 나서 광장 끝에서 끝으로 뛰어다니는 아들을 보면서 나는 상상했다. 앞으로 이십 년쯤 후에 우리가 여기에 다시 온다면 우리는 어떤 아비와 아들이 되어 있을까.

관림 안에는 여러 건물들이 있는데 그중 삼전이 바로 사진에 있는 춘추전(春秋殿)이다. 춘추전 안에는 오른쪽 침상에 누운 관우상이 있고 왼쪽에 앉아서 책을 읽고 있는 관우상이 있다. 중국 곳곳에 있는 관우상들은 대부분 한 손에 청룡언월도를 들고 있고 다른 손에는 책을 들고 있는 경우가 많은데 그 책이 바로 공자가 쓴 역사서 『춘추(春秋)』다. 관우가 문무를 겸비한 신성을 얻게 된 것 중 하나도 바로 『춘추』 덕분이다. 관림은 그 이름에서도 알 수 있듯, 제후의 무덤인 총이나 황제의 무덤인 릉이 아니라 공자의 무덤 공림과 더불어 성인의 반열에 올라 있다.

관우는 왜 머리와 몸이 따로 묻혀 있단 말인가?

낙양(洛陽, Luoyang)

중국 하남성에 있는 인구 약 700만의 도시로 고대부터 4천 년 동안 여러 왕조가 수도로 삼았던 고도 중에 고두이다. 대부분의 고도들과 마찬가지로 낙양도 방어에 유리한 산들이 둘러싸고 있다. 북쪽 북망산은 왕후나 귀족들의 무덤이 많아서 사람이 죽어서 묻히는 곳의 대명사가 되었다. 고속기차역 이름은 낙양 용문역으로 유네스코 세계문화유산 용문석굴이 바로 낙양 남쪽 이수 연안에 있다. 관우의 수급이 묻혀 있는 관림은 낙양용문역에서 불과 3km 거리에 있다. 중국 사람들이 관우를 얼마나 숭상하는지 느낄 수 있는 동시에 관우는 어찌하여 머리와 몸이 따로 묻혀 있는지 음미해볼 수 있는 곳이 바로 낙양이다.

▌낙양 관림 광장. 2014. 12. 29.

겸손했던 관우의
형주성 최후 어때요?

ㅣ 산동성 곡부(山東省 曲阜) 고속기차역, 2018. 5. 1.

서기 219년 형주를 지키고 있던 관우는 북쪽으로 번성과 양양을 공략한다. 관우의 공격은 기세가 대단했는데 이로 인하여 조조는 천도를 논의할 정도로 위기에 빠진다. 하지만 조조와 손잡은 손권은 관우가 후방이 약해진 틈을 이용해 형주를 도모하였다. 특히 관우를 사로잡은 일등공신은 괄목상대(刮目相對)라는 고사의 주인공 여몽과 육손이었다. 여몽의 후임으로 어린 육손이 부임하면서 칭송과 찬사 편지로 관우의 방심을 유도한 것이다. 손권의 군대는 쉽게 형주를 차지하였고 관우가 번성 포위를 풀고 맥성으로 물러나자 관우 관평 부자를 사로잡았다. 그리고 이어지는 것은 삼국지를 읽다가 첫 번째로 책을 덮게 만든다는 가슴 먹먹한 관우의 최후이다.

　　'비이교지(卑而驕之)'는 『손자병법』 시계편에 나오는 말로 자신을 낮추어 상대를 교만하게 만드는 전략이다. 여몽과 육손의 전략이 바로 그러했다. 정사 『삼국지』에 따르면 관우는 병사들에게 잘 대해주었지만 사대부들에게는 오만하였다고 한다. 『관우전』에 기록된 제갈량의 편지에도 관우가 인정 욕구를 가졌다는 약점이 드러나 있으니 비이교지 전략에 적합한 상대였던 것이다. 우리 주변에서도 몸을 좀 낮추었더니 반응이 오는 사람을 만나면 상대하기가 쉽다. 병법의 목적이 싸우지 않고 이기는 것인데 이런 상대를 만나면 자신을 한껏 낮추어 육손이 관우에게 보낸 편지의 절반 수준만 대해주어도 위태로울 일이 없다. 『탈무드』에도 이렇게 적혀 있다. '신은 스스로 겸손한 자를 높이 올린다.'

　사진은 공자의 무덤 공림이 있는 산동성 곡부 고속기차역으로 벽면이 『논어』다. 학이편에 나오는 '인부지이불온 불역군자호(人不知而不慍 不亦君子乎)' 문장이 눈에 띈다. 남들이 나를 알아주지 않아도 화내지 않으니 군자가 아닌가, 공자는 『논어』에서 같은 이야기를 다섯 번 이상 반복했다. 남들이 나를 알아주지 않는 것을 걱정하지 말고 네가 다른 사람들을 못 알아보는 것을 걱정하라, '불환인지불기지 환부지인(不患人之不己知 患不知人).' 2017년 형주성을 함께 걷던 여덟 살 아들이 상상력을 발휘했다. "아빠, 겸손했던 관우의 형주성 최후 어때요?" 에나 지금이나 실력 있고 겸손하기란 참 어려운 일이다. 만약 관우가 남들이 알아주지 않아도 화내지 않으며 덜 오만했더라면 머리는 낙양에 몸은 당양에 따로 묻힐 것이 아니라 온전히 형주에 묻혔으리라. 한 편의 소설이 머릿속에 병풍처럼 펼쳐지면서 벌써 아들이 이렇게 컸구나 싶었다.

관평(關平, ?~219)

소설에는 관우의 양아들로 나오지만 관우와 최후까지 함께한 친아들이다. 아래 사진 다섯 투우상은 왼쪽부터 관흥, 주창, 관우, 관평, 조루다. 관우의 동상에서 항상 관우의 좌우를 지키는 수호신이 바로 아들 관평과 부관 주창이다. 주창은 적토마보다 빨리 달려 청룡언월도를 관우에게 전해주는 소설 속 허구의 인물이다. 조루는 관우와 최후를 함께한 실존 인물이고 관흥은 관우의 둘째 아들이다. 관흥도 어려서부터 좋은 평판을 받았고 제갈량이 높이 평가했다. 관흥은 관우 사후에 한수정후 작위를 계승했다. 자식과 골프는 마음대로 안 된다지만 관우의 두 아들은 호부견자(虎父犬子)인 유비의 아들보다 월등히 뛰어났다.

❚ 관흥 주창 관우 관평 조루, 2016. 6. 2

제5편

용인술의
달인
조조

하남성 허창,
조승상부를 찾아서

▌하남성 허창(河南省 許昌) 조승상부, 2014. 12. 27

배트맨 시리즈 중에 나의 최애 영화는 1989년 팀 버튼의 '배트맨'이다. 이 영화에서 가장 충격적인 장면은 배트맨 마이클 키튼이 붙잡고 있던 손을 놓아버리는, 그래서 조커 잭 니콜슨이 부글부글 끓는 화학약품 속으로 빠지는 장면이다. 나쁜 사람이지만 일단 위기에서 구해주고 얄밉게 배신을 당하지만 결국 정의가 승리하는 복잡하고 뻔한 스토리를 예상했다. 하지만 그냥 간단하게 나쁜 놈은 구해주지 않는 방법도 있었던 것이다. 특히 주인공들은 어떤 상황에서도 천부인권을 수호하는 절대선인 줄로만 알았는데 박쥐 가면 뒤에 숨겨진 사악함을 마주하게 되니 그 낯설음과 생경함이란! 세상이 아름답고 선하지만은 않으며 되레 악이 많을 수도 있다는 현실을 일깨워주는 '매트릭스'의 빨간 약 같은 장면이었다. 여백사 일가를 죽인 조조는 배트맨 보다 열 배는 더 현실적이었다.

조조는 동탁을 죽이려다가 실패하여 도망을 치게 되고 동탁은 조조를 체포하라는 명령을 전국에 내렸다. 고향 초군으로 도망치던 조조는 중모현에서 현령 진궁에게 붙잡혔다. 그런데 진궁은 조조와 함께 동탁에 맞서기로 뜻을 모으고 관직을 버리고 조조를 따라나섰다. 그러다 하루는 날이 저물어 조조 부친의 의형제인 여백사의 집에 머물게 되었다. 여백사는 친구 아들을 대접하려고 좋은 술을 구하러 나갔다. 저녁 식사를 기다리던 조조와 진궁은 여백사의 가족들이 돼지 잡는 법을 두고 나누던 이야기를 엿듣게 되었는데 추격에 쫓기던 이들은 그만 이것을 자신들을 살해하려는 모의로 오해하게 되었다.

조조와 진궁은 여백사의 식구들을 몰살시키고 나서야 구석에 있던 돼지를 발견하고 실수였음을 깨달았다. 서둘러 집을 나와 길을 떠나는 도중에 술을 사서 돌아오는 여백사를 만나자 조조는 그마저 죽여버렸다. 깜짝 놀란 진궁은 여백사의 가족들을 죽인 것은 실수였지만 여백사마저 죽이는 것은 의롭지 않다고 조조에게 따져 물었다. 조조는 집에 돌아간 여백사가 사람을 모아 쫓아오면 곤란한 일이라 답했다. 그러면서 바로 다음의 그 유명한 말을 덧붙였다.

차라리 내가 천하 사람들을 저버릴지언정,
寧教我負天下人
천하 사람들이 나를 저버리지는 못하게 하겠소.
休教天下人負我

조조는 정말 여백사까지 죽인 나쁜 사람인가?

허창(許昌, Xuchang)

고속기차를 타고 허창동역 플랫폼에 내리면 펜스 너머로 넓은 평야가 한눈에 들어온다. 허남성 허창은 황하 아래 정주로부터 남쪽 장강 유역 우한까지 내려가는 길목에 있다. 조조가 낙양에서 한나라 마지막 황제인 헌제를 영접하고 황궁을 허창으로 옮기며 이름을 허도(許都)로 바꾸었다. 제갈량의 표현처럼 조조가 천자를 끼고 제후들을 호령하게 된 것이다. 비록 이때 헌제에게는 아무런 실권이나 권위가 없었지만 조조는 적어도 제위를 찬탈하지는 않았다. 조조 사후에 조비에게 선위하는 형식으로 제위를 잃었지만 헌제는 조조보다, 그 아들 조비보다 더 오래 살았고 사후에는 헌제라는 시호도 받았다.

▌ 허창 위무제 광장과 조승상부. 2014. 12. 27.

조조,
사랑스러운 간웅

❚ 북경(北京) 천안문, 2016. 6. 6

조조가 여백사를 죽였는지 여부는 역사서들마다 조금씩 다르지만 그의 가족들을 오해하여 죽였다는 점은 대체로 일치한다. 위나라 역사서에는 조조가 여백사에게 들렀는데 그 아들과 빈객들이 조조를 겁박하여 말과 재물을 빼앗으려 하기에 여러 명을 죽였다고 전한다. 조조를 정당방위로 기록한 것인데 위나라 관점에서 서술한 것이라 당연히 조조의 입장이 크게 반영되어 있고 왜곡이 심하여 학계에서 사실로 받아들여지지는 않는다. 또 다른 역사서에 따르면 조조가 식기소리를 듣고 자기를 도모하려 한다고 의심하여 밤중에 그들을 죽이고는 처량하고 구슬프게 "차라리 내가 다른 사람들을 저버릴지언정, 다른 사람들이 나를 저버리게 하지는 않겠다!" 말하고 떠났다고 한다.

여기서 조조가 했다는 말을 주목할 필요가 있다. '영아부인 무인부아(寧我負人 毋人負我)', 즉 '내 잘못으로 다른 사람에게 미안한 일을 하더라도 다른 사람이 나에게 미안한 일을 하게 하진 않겠다'라는 말이다. 좀 과장하자면 '차라리 내가 나쁜 놈 되고 말지'라는 탄식인 것이다. 이것을 소설에서는 사람 인(人) 앞에 천하(天下)를 붙여서 천하에 잔인한 사람으로 둔갑시켜버렸다. 정사의 기록으로 보면 진궁이 동행하지도 않았고 조조가 여백사까지 죽인 것도 사실이 아니다. 중국의 대문호이자 사상가인 루쉰(魯迅)도『삼국지연의』를 통해서 조조를 보는 것은 옳지 않다고 했다. 역사학자인 이중톈(易中天) 교수도『삼국지강의』에서 이 점을 지적하면서 조조가 적어도 위선자는 아니라며 사랑스러운 간웅(可愛的奸雄)이라고 표현했다.

이렇게 현대 중국에서 조조에 대한 재평가가 이루어진 것은 누구보다 마오쩌둥(毛澤東)의 영향이 결정적이었다. 마오쩌둥은 사진 속 북경 천안문을 비롯하여 중국 곳곳에서 동상과 사진으로 만날 수 있는 중화인민공화국 초대 주석이자 국부이고 조조의 광팬이었다. 마오쩌둥은 고전 역사서를 즐겨 읽었는데『자치통감』은 대장정 기간 중에도 가지고 다니며 일생 동안 17번이나 읽었고『삼국지연의』도 매우 즐겨 읽었다고 한다. 특히 마오쩌둥은 조조를 높이 평가했는데 실제로 조조를 주인공으로 한 삼국지가 그의 치세 때 처음으로 나오기도 했다. 마오쩌둥은 조조와 닮은 점도 많은데 엄청난 독서광이라는 것과 문필가라는 점이 그러하며 인민의 희생에 냉정했다는 점도 조조와 매우 닮았다.

조조는 실제로 어떤 리더였는가?

중국 공산당

중국은 국가 이전에 1921년 공산당, 1927년 인민해방군이 먼저 생겼다. 초대 국가 주석인 마오쩌둥부터 공산당 최고 실력자의 권력은 행정, 입법, 사법을 초월한다. 당원 수가 9천만 명이 넘는 중국 공산당은 인도 인민당에(1억 8천만) 이어 세계에서 두 번째로 큰 정당이다(3위는 미국 민주당, 4천 8백만). 전당대회에 참석하는 전국대표대회 대표 3천여 명, 여기서 뽑힌 중앙위원회 위원 3백여 명, 그중 정치국 위원 25명 중에서도 권력의 정점에 상무위원 7명이 있다. 상무위원 중 서열 1위는 중앙위원회 총서기이다. 총서기가 인민해방군 중앙군사위원회 주석까지 겸하면 당과 군을 장악한 국가원수인 중국 주석이 된다.

❙ 성도 인민 광장 마오쩌둥상, 2016. 6. 3.

용인술의 달인,
배신한 부하들을 용서하다

█ 허난성 정주(河南省 鄭州) 황허유람구, 2014. 12. 28

황하의 길이는 사진에 있듯이 5,464㎞인데 중국에서 장강 다음으로 길고, 세계에서 다섯 번째로 긴 강이다. 아홉 왕조의 수도였던 낙양을 비롯해서 서안, 정주, 개봉 등 중국 7대 고도 중 절반이 황하 유역에 위치하고 있다. 그중에서 정주는 춘추시대 첫 세력국가인 정나라 땅으로 고대에는 코끼리가 살 정도로 풍요로운 곳이었다. 삼국 초기에는 실력자 원소와 신흥 세력 조조가 패권을 두고 벌였던 관도대전의 무대로 당시 지명은 예주(豫州)였다. 현재 중국 자동차 번호판 하남성 식별 글자도 사람(子)과 코끼리(象)가 함께 있는 예(豫)이다. 더 이상 황하에 코끼리가 살지는 않지만 그 뼈를 통해 모습을 상상(想像)할 수 있으니 상상이라는 말이 생긴 곳도 황하다.

서기 200년 겨울 조조가 관도대전에서 승기를 잡자 원소는 군대를 버리고 도망쳐 황하를 건넜다. 원소 진영에서 전리품을 수색하던 조조의 군대는 편지가 가득 들어 있는 상자를 발견하였는데 그것은 다름 아닌 조조의 부하들이 원소에게 보냈던 밀서였다. 조조가 이 배신자들의 편지를 대하는 장면은 단연 삼국 역사에서 조조가 가장 빛나는 순간이다. 삼국지 『위무제기』에 따르면 조조는 '원소가 막강하였을 때 나도 나 자신을 지킬 수 없었는데 일반 백성들이야 더 말할 게 있겠는가'

라고 했다. 그리고 편지를 보지도 않고 모두 태우라고 명했다. 이후 조조에게 성읍을 바치고 투항해 오는 자가 매우 많았다고 한다. 작은 잘못에도 사람을 쥐 잡듯이 하는 리더들은 조조를 본받을 필요가 있다. 조조가 부하들을 용서했던 것은 자신의 애첩을 희롱한 장수를 용서하기 위하여 모든 부하들의 갓끈을 끊고 연회를 했던, 절영지회(絶纓之會)의 초나라 장왕을 뛰어넘는 것이다.

조조가 부하들에게 충성심을 유발한 것은 이것이 처음이 아니었다. 조조 일생에 가장 힘든 전투였던 장수와의 전투에서 조조는 자신도 부상을 입었고 맏아들 조앙, 조카 조안민, 경호대장 전위를 잃었다. "아들과 조카를 잃은 슬픔은 참겠는데 전위를 잃은 것은 울지 않고 못 견디겠다." 조조는 전위의 장례식에서 아들을 잃은 것보다 더 슬퍼 울었고 전위의 가족들을 평생 먹고살 걱정이 없도록 해주었다. 조조의 부하 장수들이 전장에서 가족 걱정 없이 목숨을 아끼지 않고 조조를 위했음은 당연한 이치였다. 조직이 내 가족을 생각하고 아껴준다는데 어느 누구인들 고마운 마음을 안 가지겠는가.

용인술의 달인 조조는 왜 영웅이 아닌 간웅일까?

조조(曹操, 155~220)

자는 맹덕(孟德), 후한말 헌제 때 승상, 위왕에 봉해졌고 사후에 아들 조비가 위나라 황제로 오른 뒤 추존된 시호는 무황제(武皇帝)다. 조조는 손권이 보낸 관우의 수급에 나무로 몸을 만들어 장례를 치르고 난 직후에 66세로 운명을 다했다. 정사 『위무제기』에 따르면 조조는 유언을 남겼는데 '시신을 쌀 때는 평상복을 사용하고, 금은보화를 묘에 넣지 말라' 했다. 자신의 무덤이 도굴되는 것을 막기 위해서 가짜 무덤 72개를 만들었다는 것은 소설 속 허구다. 2018년 하남성에서 조조의 무덤인 고릉이 발견되었다고 중국 당국이 발표했다. 아직 진위 여부에 대한 논란이 남아 있지만 만약 사실이라면 인기 있는 관광지가 될 것이다.

▌한중 계곡의 바위에 곤설을 적는 조조, 2016. 6. 4.

조조의 명과 암,
구현령과 서주대학살

❚ 강소성 서주(江省 徐州) 초한전쟁, 2019. 5. 4

삼국지를 따라 아들과 여행하는 중국

조조는 인재 등용의 선구자였다. 삼국지 『위무제기』에 따르면 서기 210년 조조는 채용공고인 구현령(求賢令)을 반포하였다. 이 구현령 마지막에 채용기준이 제시되어 있는데 놀랍게도 유재시거(唯才是擧), '오로지 재능으로만 들어올려 쓰겠다'라고 되어 있다. 오늘날에도 프로필과 이력서에 학력부터 기재하는 것이 낯설지 않은데 하물며 그 옛날 봉건사회에서 출신 가문과 부모의 권세가 얼마나 중요한 인재 등용의 기준이었겠는가. 하지만 조조는 이를 과감히 혁파하여 오로지 능력을 기준으로 심지어 적까지 등용하는 개방형 인사제도를 실행하였다. 삼국 중에서 위나라에는 곽가, 가후, 순욱 등 인재가 넘쳤으니 그 결과 유비에게 으뜸 군사였던 서서가 위나라에서는 말단에 불과했다. 참고로 서서가 위나라로 간 것은 위조된 어머니의 편지 때문이었고 그래서 식자우환(識字憂患) 고사가 탄생하였다.

하지만 용인술의 달인이었던 조조에게 결정적인 흠결이 있었으니 그것은 바로 서주대학살이다. 193년 서주 자사 도겸이 조조의 아버지 조숭과 식솔들을 살해하자 조조는 군사를 일으켜 대대적인 서주 정벌에 나섰다. 194년까지 두 차례에 걸친 원정을 나섰지만 수비를 튼튼히 한 도겸을 잡지는 못하고 대신 여러 성읍을 함락시켰다. 삼국지 『위무제기』에도 그가 지나간 곳은 파괴되고 많은 사람들이 학살되었다고 기록되어 있다. 정사에 근거는 없지만 이때 제갈량, 제갈근 형제가 난을 피해 이주하였으며 평생 조조에게 원한을 가졌다고 한다.

서주는 후에 도겸이 죽으며 유비에게 영지를 넘기는 바람에 유비, 조조, 여포 간에 격전이 벌어지던 곳이었다. 더 거슬러 올라가자면 진시황이 죽은 후 초와 한이 대립할 때 초패왕 항우의 근거지였던 곳으로 시내 중심부에 항우가 군마를 훈련하던 희마대가 남아 있다. 사진은 열 살 아들과 희마대로 가는 도중에 서주 시내에서 장기 구경을 하는 모습이다. 중국을 많이 다녔고 장기를 둘 줄 알아서 그런지 자연스럽게 중국 아저씨들과 어울려 계획에 없던 초한전쟁 한 판을 끝까지 구경했다. 나 같으면 조금 보다가 발걸음을 옮겼을 터인데 아들은 나와 달리 참을성이 많고 진중한 면이 있다. 내가 싫어하는 나의 기질을 아들에게서 발견할 때는 그렇게 화를 내면서도 반대로 나에게 없는 내가 갖고 싶은 모습을 발견할 때 칭찬에는 인색하니 이것은 참으로 내가 반성하고 고쳐야 할 일이다.

인간 조조는 어떤 사람이었나?

유재시거(唯才是擧)

오로지 재능을 기준으로 발탁한다는 뜻으로 능력 위주의 인사 원칙을 말한다.
『위무제기』에 따르면 적벽대전에서 패한 이후 210년 봄 조조는 영을 내렸다.
"지금 천하에 남루한 옷을 걸치고 진정한 학식이 있는데도 여상처럼 위수의 불
가에서 낚시질을 일삼는 자가 어찌 없겠는가?" 조조는 낮은 지위에 있는 사람
들을 살펴 추천하라며 오직 재능만이 추천의 기준임을 천명하였다. 조조를 긍
정적으로 평가하는 관점에서는 유교 도덕을 뛰어넘은 능력 위주의 선발이라고
칭찬한다. 반면에 삼국시대와 같은 난세에 능력 중심의 인재 등용은 유비도,
손권도 실행했던 것이라 조조의 전유물이 아니라는 반론도 있다.

▌ 허창 조승상부에 새겨놓은 구현령, 2014. 12. 27.

시인 조조,
풍류를 아는 다독왕

섬서성 한중(陝西省 漢中) 석문잔도, 2016. 6. 4

조조는 건안문학이라 불리는 후한말 중국 문단을 이끌던 시인이었다. 조조가 지은 시는 관창해(觀滄海)를 비롯하여 여럿 있고 특히 애주가들이 좋아하는 단가행(短歌行)은 아래와 같이 시작한다.

술잔을 들어 노래하노라, 우리 인생이 얼마나 되랴.
對酒當歌, 人生幾何
비유하면 아침 이슬 같으니, 지나간 날들 고통이 많도다.
譬如朝露, 去日苦多
슬퍼하며 탄식해도, 근심을 잊기가 어렵구나.
慨當以慷, 憂思難忘
무엇으로 시름을 덜까 하니, 오직 술이 있을 뿐.
何以解憂, 唯有杜康

조조는 전쟁 중에도 시인다운 풍류를 잃지 않았으니 대표적인 일화가 곤설(袞雪)이다.

서기 219년 조조는 유비와 한중 쟁탈전을 벌이고 있었다. 이때 조조는 한중 계곡에 흐르는 물줄기가 바위에 부딪쳐 흩어지는 모습을 보고 이를 눈보라가 치는 것에 비유하여 바위에 곤설이라고 적었다. 그런데 '흐르는 눈'이라는 뜻의 두 글자 곤설에서 흐를 곤(滾) 대신 물 수 변이 빠진 곤룡포 곤(袞) 자를 적은 것이다. 부하들이 물 수가 빠졌다고 아뢰자 조조는 "물은 바위 옆 계곡에 이처럼 많지 않은가"라고 답했다. 조조는 물 수 변을 글자로 적는 대신 계곡물 자연을 그대로 이용하여 표현한 것이다. 또 한중에서 생긴 유명한 말이 바로 '계륵(鷄肋)'이다. 이 것은 조조가 한중에서 고전하고 있을 때 부하들에게 아군과 적군을 구별하는 암구어로 대답한 말이다. 부하들 모두 무슨 뜻인지 몰랐으나 총명한 양수는 한중이 조조에게 닭의 갈비, 그닥 가치는 없으나 버리기는 아까운 것이라는 의미를 알아챘다. 양수는 짐을 싸서 철군 준비를 하다가 군심을 어지럽힌 죄로 그만 처형되고 말았다. 훗날 양수의 아버지가 조조를 만나서 한 말이 바로 노우지독(老牛舐犢), 어미 소가 송아지를 핥는 것처럼 자식에 대한 부모의 사랑이다.

한중은 여행을 계획할 때부터 계륵이었다. 가자니 곤설과 잔도 말고는 뭐 별로 볼 것도 없을 것 같으면서 가기가 너무 힘들고 그렇다고 안 가보자니 그건 또 아쉽고. 일곱 살 아들과 성도에서 완행 기차로 10시간을 가는 내내 끝도 없이 끝말잇기를 하면서 한중이야말로 계륵이라는 조조의 마음을 이해할 수 있었다. 사진은 한중 계곡을 따라 병력을 이동시키기 위해 건설한 잔도다. 계곡을 건너가는 것인지 설마 왔던 길을 다시 돌아가는 것은 아닌지 끊임없이 묻던 일곱 살 아들을 아이스크림으로 설득하여 겨우 석문이 보이는 곳까지 걸어가볼 수 있었다. 한중 계곡 입구에는 하-상-주부터 춘추전국-진-한으로 이어지는 역사의 주요 장면 조각과 벽화가 길을 따라 멋있게 만들어져 있었지만, 그래도 여전히 계륵이다.

양수(楊脩, 175~219)

명문가 출신의 후한말 관료, 너무 총명하여 조조의 미움을 사서 처형되었다. 조조가 정원에 와서는 말없이 문에 活(살 활) 자를 썼는데 모두 무슨 의미인 줄을 몰랐지만 양수가 "門에다 活을 써놓았으니 闊(넓을 활) 자, 정원이 너무 넓다는 뜻"이라며 정원 크기를 줄여놓았다. 또 조조가 술을 한 모금 마시고 병에 一合(일합)이라는 글자를 썼는데 양수만이 "一合 자를 나눠보면 一人一口, 즉 한 사람당 한 모금이라는 뜻"이라 하고는 한 모금 마셨다. 아래 사진 양수가 죽는 장면은 한중 계곡에 있는 모형으로 'Killing of jealousy'라는 제목이 붙어 있었다. 동서고금을 막론하고 겸손이야말로 최고의 미덕이다.

▌참실양수, 2016. 6. 4.

제6편

고대
중국
영웅들

하우,
노심초사하여 나라를 세우다

┃ 섬시성 한중(陝西省 漢中) 대우치수 부조, 2016. 6. 4.

인류의 문명은 매년 홍수가 발생하는, 유속이 느린 큰 강 주변에서 관개농업을 기반으로 발전했다. 때문에 황하 문명 때도 물을 통제하고 이용하는 것이 매우 중요했다. 중국 최초 왕조로 알려진 하(夏)나라 시조 우(禹)임금은 치수(治水) 기술자였다. 우임금은 치수에 성공한 업적을 기반으로 전설 속의 두 임금 요, 순에 이어 권력을 선양받은 것이다. 황하 유역의 잦은 홍수로 백성들이 피해를 입자 순임금은 명을 내려 2대째 치수 기술자인 우에게 임무를 맡겼다. 우의 아버지는 치수에 실패하여 목숨을 잃었는데 『사기』에 따르면 우는 선친이 뜻을 이루지 못하고 죽은 것을 마음 아파했고 그 뜻을 이루기 위해 노신초사(勞身焦思)하였다고 한다. 13년 동안 밖에서 일했고 집 앞을 세 번 지나가면서도 들어가지 않았다. 여기서 유래한 말이 바로 노심초사(勞心焦思)다.

사진은 한중 계곡을 따라 중국 역사를 조각한 것들 중 첫 번째로 나오는 대우치수(大禹治水)라는 부조다. 당시 일곱 살 아들이 노심초사했던 것은 마술이었다. 유명 마술사나 유튜버를 따라서 하고 마술 도구 전문점에 가자고 졸라서 신촌까지 갔었다. 본인이 마술을 하는 영상을 찍고 편집하는 것에도 한동안 열심이어서 저러다 마술사가 되려나 했다. 돌이켜보면 누가 시키지 않았는데 스스로 몰입하고 노심초사하는 경험은 인생에서 아주 소중하다. 공부나 일이 몰입 대상이어도 좋겠지만 그게 무엇이든지 권위적 간섭은 최소화하는 것이 아이들 엄마의 방침이라 나도 지키려 노력 중이다. 사실 옛날처럼 공부와 일에 밤낮없이 노심초사하면 성공하던 시대는 이미 끝났다. 사회의 경제와 기회는 저성장하는 시대가 되었으니 밤낮없이 일만 해봐야 성공은 고사하고 현상 유지도 용하다. 『노동의 배신』의 결론을 인용하자면, 가난한 것이 열심히 일하지 않아서가 아니다.

하우의 흔적을 찾기에 가장 좋은 곳은 2014년 첫 여행 때 갔던, 하남성 정주에 있는 황하유람구다. 황하가 한눈에 내려다보이는 산 정상에 하우의 동상이 있고 마오쩌둥이 앉아서 황하를 내려다보던 유적도 남아 있다. 그 첫 여행 때는 장난감을 챙겨서 다니던 다섯 살이었는데 이제는 그 좋아하던 장난감도 마술 도구들도 모두 '토이스토리'의 우디 신세가 되어버렸다. 앞으로도 그것이 무엇이든지 아들이 스스로 재미를 발견해서 노심초사한다면 응원하고 지원하는 것이 내 역할이 아닐까. 쿄세라 창업자 이나모리 가즈오는 『왜 일하는가』에서, 일하는 것은 삶의 가치를 발견하기 위한 가장 중요한 행위라 했다. 역설적으로 삶에 가치가 없는 일이나 재미없는 일을 하고 있기에는 우리 인생이 너무도 짧다. 괴테도 말했다. 맛없는 와인을 먹기에는 인생은 너무 짧다고.

노심초사(勞心焦思)

마음으로 애를 쓰며 속을 태운다는 말로 중국 최초 국가인 하나라 건국자 하우에게서 유래한 말이다. 『사기』에 따르면 하우는 영민하고 부지런했으며 어긋남이 없었고 인자함으로 사람들과 친밀할 수 있었다. 목소리는 가락을 탄 듯했고 행동은 법도에 맞았으며 일을 마땅하게 처리하고 규칙을 엄수하여 기강을 세워 처리했다. 기록으로만 보면 완벽한 리더의 표상인데 게다가 힘써 일하고 애써 생각을 짜내며 노심초사했던 것이다. 사진처럼 중국에 여행을 와서도 본인 마술을 촬영할 정도로 열심이던 아들의 노심초사 대상은 그 후 몇 가지 컴퓨터 게임을 거쳐 사춘기인 지금은 야구로 바뀌었다.

▌마술 촬영. 2019. 5. 4.

강태공, 하늘의 도를 알고
백이와 숙제를 살리다

▌산둥성 임치(山東省 臨淄) 강태공사, 2018. 4. 28.

강태공의 이름은 상(尚), 자는 자아(子牙)로 강상 또는 강자아라고 불린다. 인재를 찾아 떠돌던 주나라 문왕이 위수 강가에서 낚시하던 강상을 만나 문답을 나눈 후 재상으로 등용하였다. 문왕의 선조인 태공(太公)이 바라던 인물이라는 뜻으로 태공망이라고 불렀다. 낚시하는 사람을 강태공이라 부르는 것은 바로 여기서 유래하였다. 강태공은 중국 역사에 처음 등장하는 군사 전략가이자 정치가로 병가의 시조로 불린다. 문왕 사후에 그 아들인 무왕을 도와 상나라 대군을 격파하였고 자신은 제나라를 봉지로 받아 건국하였다. 백수 시절에 자신을 떠났던 아내가 재상으로 등용된 후 다시 돌아오자 복수불반(覆水不返), 즉 엎지른 물은 돌이켜 담을 수 없다며 받아주지 않았다. 강태공은 시대의 흐름을 읽고 때를 기다릴 줄 알았으며 사람의 됨됨이를 알아보는 지혜가 있었기에 백이와 숙제를 살려주었다.

『사기』 백이열전에 따르면 상나라 주왕이 달기라는 첩에 빠져서 주지육림(酒池肉林), 술로 못을 만들고 고기를 달아 숲을 만든 다음 밤낮없이 술을 퍼마시며 놀았다. 주무왕이 이를 치려 출병했는데 백이와 숙제는 신하된 신분으로 군주를 죽이는 것은 인(仁)이 아니라며 말렸다. 병사들이 백이와 숙제를 죽이려 하자 강태공이 이들은 의로운 사람들이라 두둔하며 살려주었다. 이후 상나라가 망하고 주나라 세상이 되자 백이와 숙제는 수양산으로 들어가 굶어 죽었다. 반면에 도척이라는 도적은 날마다 죄 없는 사람을 죽이고 그 고기를 먹었다. 무리를 모아 제멋대로 천하를 돌아다녔는데 끝내 수명을 다 누리고 죽었다. 의롭지만 굶어 죽은 백이와 숙제, 그리고 자연사한 천하에 악한 도척을 비교하며 사마천은 질문한다.

> 나는 매우 당혹스럽다. 만일 이러한 것이 하늘의 도라면 과연 옳은가? 그른가?
> 天道是也非也

이렇듯 착한 사람이 곤경에 빠지고 악한 사람이 천수를 누리는 일은 기원전부터 있었던 것이다. '천도시야비야'는 백이와 숙제에 대한 질문이지만 억울하게 궁형을 받은 사마천 자신을 두고도 수없이 던졌을 질문이다.

사진은 산동성 임치(臨淄)에 있는 강태공 사당과 무덤이 있는 강태공 사이다. 임치는 춘추전국시대 강대국인 제나라 수도였고 제나라를 세운 강태공, 훗날 춘추시대 패자가 된 제환공, 제환공을 도운 명재상 관중이 활약했던 곳이다. 현재는 치박(淄博)시 임치구에 속하며 치박 시내에서 15㎞ 거리 임치구에 강태공사와 관중 기념관이 있다. 치박시는 인구 480만 명의 도시로 제남공항에서 공항버스로 한 번에 시내까지 편리하게 이동할 수 있다. 인기 있는 관광지가 아니라서 그런지 호텔이나 입장료도 상대적으로 저렴하고 디디추싱 기사들의 친절한 인심도 기억에 남는 곳이다.

주지육림(酒池肉林)

술로 연못을 만들고 고기로 숲을 만든다는 뜻의 호사스러운 술잔치를 이르는 말이다. 고대 중국에서 실제로 주지육림을 만든 두 왕은 하나라 걸(桀)과 상나라 주(紂)다. 각각 걸은 말희, 주는 달기라는 첩에 빠져서 나라를 망하게 했고 '걸주'라는 표현은 이 둘을 한데 이르는 말이다. 상나라 탕(湯)왕과 주나라 무(武)왕이 이들을 각각 제압하였으며 아래 사진 벽화는 낚시하던 강태공을 등용하고 무왕이 주를 벌하는 장면이다. 걸을 벌한 상나라 탕왕은 『대학』에서 자신의 세수 그릇에 '진실로 날마다 새로워지면 날마다 새로워지고 또 날마다 새로워진다(苟日新 日日新 又日新)'라는 명문을 새겨놓은 성군이다.

❙ 주나라 무왕이 상나라 주를 벌하는 벽화, 2018. 4. 28.

진문공,
기원전 초고령 창업의 시조

하남성 정주(河南省 鄭州) 황허유람구, 2014. 12. 28.

일리 캘러웨이는 미국 조지아주에서 태어나 대학 졸업 후 평생을 섬유업에 몸담았다. 은퇴한 후에 캘리포니아에서 와이너리를 만들었다가 7년 후에 성공적으로 팔고 두 번째 은퇴를 하였다. 그 후 골프로 소일하던 캘러웨이는 히코리 스틱(Hickory Stick USA)에 지분 투자를 하였다가 1984년 완전히 인수하여 세 번째 사업을 시작하였는데 이때가 65세였다. 마크 저커버그가 19세, 빌 게이츠가 20세, 스티브 잡스가 21세에 사업을 시작했으니 업종은 다르지만 상당한 고령 창업이었다. 1985년 칼스배드로 공장을 이전, 1988년 상호를 캘러웨이 골프로 변경하여 오늘날까지 이어지고 있다. 샌디에고 북쪽 칼스배드는 레고랜드로 유명하지만 캘러웨이 외에도 타이틀리스트, 테일러메이드 본사가 있는 세계 골프 클럽의 중심지다.

기원전에 고령 창업의 역사를 열었던 사람은 진문공이다. 진문공은 제환공에 이어 춘추시대 두 번째 패자에 오른 인물로 이름은 중이(重耳)인데 왕실 내 권력 다툼을 피해 무려 19년 동안 나라 밖을 떠돌았다. 그 결과 태자였던 형 신생과 다른 형제는 모두 정변에 희생되었지만 중이는 고국에 돌아와 즉위할 수 있었다. 이때가 기원전 637년, 그의 나이 62세였다. 고령이었던 진문공은 오랜 세월 경험과 수양을 통해 정치 외교 철학이 경지에 올라 있었다. 특히 충돌을 피해 한 발 물러난다는 뜻의 퇴피삼사(退避三舍) 고사가 유명하다. 중이가 망명객 시절 초나라 성왕이 귀빈 대접하며 만약 진나라로 돌아가면 자신에게 어떻게 보답할 것인지 물었다. 중이는 진과 초가 싸우게 되었을 때 3일 행군 거리를 뒤로 물러나겠다고 답하였고 훗날 전쟁에서 진문공은 정말 약속을 지켜 90리를 물러났다.

사진은 하남성 정주다. 진문공은 성복 전투에서 퇴피삼사 이후 초에 대승을 거두자 이곳에 왕궁을 만들고 주양왕과 제후국을 모아 회맹을 개최하고 패자에 올랐다. 다만 고령이었던 진문공의 재임 기간은 7년에 불과했다. 우리나라 65세 이상 인구 비율은 2022년 17%로 유엔 기준 고령사회(14% 이상)이다. 문제는 속도인데 2025년 초고령사회(20% 이상) 진입이 예상되며 2045년 37%로 일본을 넘어 세계 1위가 될 전망이다. 서른여섯 살 아들이 살아갈 사회, 정치, 경제 패러다임은 지금과 다를 게 분명하다. 열두 살 아들이 주식계좌를 만들어달라고 조르더니 정말 주식을 샀다. 아비가 다니는 회사를 사지 않아서 미안해하길래 남이 만든 회사를 60살이 넘어서도 다닐 수 있는 확률은 낮다고 설명해주었다. 그리고 보면 내 나이 60이 넘는다 한들 초고령사회에서 겨우 중년에 불과할 것이다. 아마도 그 무렵에는 60이 넘어도 무언가 새롭게 시작하기가 진문공보다 좋은 환경이 아닐까 꿈꿔본다.

춘추오패(春秋五霸)

중국 춘추시대 강국을 일컫는 말로 사진과 같이 제후국들 모임인 회맹을 개최한 맹주를 말한다. 보통 제나라 환공, 진나라 문공, 초나라 장왕, 오나라 왕 합려, 월나라 왕 구천을 가리킨다. 이 중 제환공과 진문공은 이견이 없으나 나머지는 진목공, 송양공, 오왕 부차를 꼽는 경우도 있어서 숫자 5가 의미 있는 것은 아니다. 주나라 초기에는 왕권이 강하고 제후국 간에 실서가 있었지만 말기에 이르러서는 제후국들 간에 패권 경쟁이 치열하여 전국(戰國)시대가 되었다. 패권을 쥔 춘추오패는 모두 왕을 높이고 오랑캐를 배척하는 존왕양이(尊王攘夷)를 명분으로 내세웠다.

▎ 춘추시대 회맹, 2018. 4. 28.

공자, 남들이 나를 알아주지 않아도 화내지 말라

▌ 산동성 곡부(山東省 曲阜) 공림 만고장춘방. 2018. 4. 30.

무라카미 하루키의 수필은 잘 읽히면서 마음속에 공명을 일으키는 글들이 많다. 내가 20대에 가장 좋아했던 글은 「백 퍼센트의 여자아이를 만나는 일에 관하여」이고 지금 40대에 가장 좋아하는 것은 『재즈 에세이』 중에서 「마일스 데이비스」 편이다. 글은 다음과 같이 시작한다.

그 어떤 인생에도 '잃어버린 하루'는 있다. '오늘을 경계로 자신 속의 무언가가 변해버리리라. 그리고 아마도 두 번 다시 원래의 자신으로 되돌아가는 일은 없으리라'고 마음으로 느끼는 날 말이다.

20대 때는 잃어버린 하루에 마일스 데이비스의 '포 앤드 모어'를 어렵게 구해서 들으며 하루키 흉내를 내보기도 했다. 마흔이 넘고 나서는 언제부턴가 잃어버린 하루에 『논어』를 펼치는 일이 많아졌다. 단번에 이해하기 어려울 때는 『사기』나 『논어한글역주』를 찾아서 공부하다 보면 사람들과 상처를 주고받은 마음이 따뜻해지곤 한다.

『논어』가 치유에 좋은 이유는 공자의 생애가 잃어버린 하루들의 연속이었기 때문일 것이다. 공자의 이름은 구, 자는 중니로 『사기』에 따르면 공자는 60대 아버지와 16살 어머니의 '야합(野合)'으로 태어났다. 야합은 정치 뉴스에 자주 등장하듯이 정식 절차가 아니라는 뜻이다. 별 것 없는 집안에서 태어난 공자는 3년 만에 부친이 사망하고 어린 시절 힘들게 자랐다. 성인이 된 후 정치 인생도 성공적이지 못했다. 마음에 이상을 품었지만 고향인 노나라에서도 쓰임받지 못하였고 이상을 실현할 기회를 얻으려고 제자들과 천하를 주유하였다. 이 때문에 『논어』에서 여러 번 강조하는 것이, 남들이 나를 알아주지 않아도 근심하지 말라는 것이다(不患人之不己知). 특히 공자는 교묘한 말솜씨와 아첨하는 얼굴로 남의 환심을 사는 것을 교언영색(巧言令色)이라며 제일 싫어했다.

우리나라에서 서해를 건너면 바로 닿는 산동성은 기원전 제나라와 노나라 땅이었기 때문에 제노의 땅이라고도 한다. 무왕이 주나라를 건국할 때 일등공신이었던 참모 강태공과 동생 주공에게 각각 봉지로 내려 건국한 봉건국가가 제나라와 노나라다. 공림(孔林)은 옛 노나라 땅 산동성 곡부에 있는 공자의 무덤으로 아들 백어, 손자인 자사 외에도 10만이 넘는 자손들 묘비가 숲처럼 모여 있는 세계 최대 가문 묘지이다. 사진은 그 입구 만고장춘(萬古長春) 패방으로 명나라 때 만들어진 것이다. 기둥이 용의 형상이고 그 위의 누각도 돌로 되어 있으며 그 앞에 사자상까지, 중국 전역 여러 패방 중에 단연 으뜸으로 화려하다. 비록 잃어버린 하루가 너를 괴롭히더라도 부디 만고에(萬古) 오래도록 청춘이기를(長春)!

춘추(春秋)

『춘추』는 공자가 저술한 역사서로 노나라 은공 원년(기원전 722년)에서 애공 14년(기원전 481년)까지 242년 동안의 역사를 편년체로 기록하고 있다. 편년체는 역사적 사실을 연대순으로 기록하는 기술 방법으로, 기전체가 사마천의 『사기』처럼 군주의 본기, 신하들의 열전, 연표 등으로 인물 중심으로 구분하여 기록하는 것과 대비된다. 전국시대와 구분하여 동주시대를 춘추시대라고 부르는 것이 바로 이 책에서 기인한다. 『춘추』는 사건이나 인물에 대한 묘사나 서술보다 춘추필법이라고 부르는 공자의 비판과 평가를 가미하여 역사를 서술하고 있어서 설명이나 주석이 없이는 읽기가 매우 어려운 책이다.

▌한중 계곡 공자상. 2016. 6. 4.

항우, 사면초가에
권토중래 못 하고 패왕별희하다

▌ 안휘성 마안산(安徽省 馬鞍山) 채석기, 2019. 5. 2.

주위 사람들에게 사면초가(四面楚歌)의 의미를 물어보면 사방이 적에게 포위된 고립 상태라는 뜻은 대부분 알고 있지만 한자까지 정확히 아는 사람은 드물다. 1980년대 후반부터는 신문도 한글만 쓰면서 한자를 접할 기회가 많지 않다. 그러다 보니 초가가 초나라 노래라는 원래 의미가 아니라 초가집으로 오해되는 것도 무리는 아니다. 사방이 유방의 한나라 군대로 포위된 늦은 밤, 항우에게 초나라 노랫소리가 들렸다. 적국인 한나라 병사들 군영에서 고향 초나라의 노래가 들리니 항우는 탄식했다. '벌써 내 고향 초나라도 유방에게 함락되어 장정들이 전쟁터로 끌려왔구나.' 이제는 돌아갈 곳도 없다는 막막함! 이를 두고 일부러 적국의 고향 노래를 불러 감정을 어지럽히는 고도의 심리전이었다는 분석도 있다.

참모들은 항우에게 장강을 건너 강동으로 건너가 세력을 키워 훗날을 도모하자 청하였다. 그러나 항우는 대대로 권세 있는 집안에서 태어나 자란 뼛속부터 엘리트인지라 유방에게 패해서 도망치는 일은 차마 자존심이 허락하지 않았다. 그리하여 애첩 우희와 명마 오추에게 역발산 기개세로 시작하는 해하가(垓下歌)를 읊는다.

힘은 산을 뽑고 기개는 세상을 덮었다.

力拔山兮氣蓋世

때가 불리하니 추도 달리지 않는구나.

時不利兮騅不逝

추가 달리지 않으니 어찌해야 하는가.

騅不逝兮可奈何

우희여 우희여! 너를 어찌하면 좋은가!

虞兮虞兮奈若何

패왕이 희에게 이별을 고하니 첸카이거의 '패왕별희'에서 장국영이 열연했던 우미인도 눈물로 답한다.

한나라가 이미 천하를 다 빼앗으매

漢兵已略地

사방에서 들려오는 것은 초나라 노래

四面楚歌聲

대왕의 의기가 다하셨다면

大王義氣盡

천첩이 살아서 무엇하리오.

賤妾何聊生

사진은 안휘성 마안산(馬鞍山)으로 주인이 죽자 항우의 말이 물에 빠져 죽고 그 안장이 떠내려 온 곳이다. 실패가 익숙하지 않은 엘리트 리더일수록 시련이 부여되었을 때 멘탈이 무너지지 않도록 각별히 노력해야 한다. 유비처럼 몇 번을 대패하고 처자식과 부하들이 포로로 잡혀도 꿋꿋이 도망치며 포기하지 않아야 창업할 수 있다. 훗날 마안산에서 당나라 시인 두목은 항우가 권토중래(捲土重來) 못 한 아쉬움을 아래 시로 노래했다.

승패는 병가지상사 예측하기 어렵나니

勝敗兵家事不期

수치를 참는 것이 진정 사내대장부라.

包羞忍恥是男兒

강동 자제들 중 뛰어난 인물이 많으니

江東子弟多才俊

흙먼지를 일으키며 돌아왔다면 결과는 알 수 없었으리.

捲土重來未可知

패왕별희(覇王別姬)

패왕별희는 중국 전통 공연 예술인 경극(京劇) 중 가장 유명한 작품이다. 초패왕 항우와 연인 우희의 애절한 사랑 이야기로, 1993년 첸카이거 감독이 동명의 소설을 원작으로 영화로도 만들었다. 첸카이거의 '패왕별희'는 세계 최고 영화제 중 하나인 칸 영화제에서 대상인 황금종려상을 수상했다. 2003년 만우절에 생을 마감한 장국영(張國榮)의 대표작이기도 하다. 경극은 남자들만 연기를 하는 것이 전통이라 장국영은 경극에서 여장을 하고 우미인(우희) 역을 하는 주인공을 연기하였다. '패왕별희'는 1986년 '영웅본색(오우삼)', 1990년 '아비정전(왕가위)'과 더불어 장국영 3대 작품으로 모두 각 감독들의 대표작이기도 하다.

∥ 오강자결, 2016. 6. 4

번외편

중국
관광지
답사기

만리장성,
중국에서 제일 재미있었던 것

┃ 북경(北京) 모전욕(慕田峪) 장성, 2016. 6. 6.

아들에게 중국에서 뭐가 제일 재미있었는지 물어보면 만리장성에서 썰매를 탔던 것이라고 대답한다. 사실 여행 계획을 세울 때는 만리장성에 썰매가 있는 줄도 몰랐다. 초여름 더운 날씨에 장성 위를 땀 흘리며 걷다가 썰매를 타는 곳이 나왔고 일곱 살 아들이 더는 걷지 않겠다고 선언하는 바람에 타게 된 것이다. 스켈레톤이나 루지처럼 오목한 레일 위에서 바퀴 달린 썰매를 타고 장성 아래로 굽이굽이 내려왔는데 아들과 둘이 함께 탔던 것 중 가장 위험한 탈것이었다. 나는 어지러움이 심해서 놀이기구를 잘 못 타고 둠 같은 1인칭 게임도 못 한다. 그러나 어린 아들을 혼자 태울 수 없으니 롯데월드나 디즈니랜드 등에서 내가 평생 탔던 것보다 많은 놀이기구를 아들과 함께 탔다. 부모가 되면 없던 능력도 생기나 보다.

칼 세이건은 『코스모스』에 '피라미드와 만리장성이 실은 오늘날 지구를 선회하는 인공위성에서 식별할 수 있는 지구의 유일한 거대 지형지물이기는 하다'라고 썼다. 2003년 10월 양리웨이가 지구 궤도를 열네 바퀴 돌고 귀환하자 우주에서 장성이 보였는지 질문이 쏟아졌다. 중국 최초의 우주인은 우주에서 장성이 보이지 않는다는 사실을 고백했다. 폭 6m 남짓 건축물을 광학기기 없이 육안으로 우주에서 관측할 수 없다는 것은 중국과학원의 논문이나 구글맵으로 확인 가능하다. 만리장성을 쌓은 목적은 자국을 보호하기 위해서였다는 전쟁방어설과 유목민족 유입을 막기 위해서였다는 국경구분설이 있다. 진시황이 만든 것으로 알려져 있지만 실은 오랜 세월 동안 여러 왕조를 거쳐 만들어진 것이다. 전국시대 조, 연, 진 세 나라가 쌓은 장성을 통일 후에 진시황이 연결하였다. 한나라 때 방어용으로 대규모 증축을 하였고 명나라 때는 벽돌로 보수하였다.

　오늘날 관광객에 개방된 북경 근처 장성들은 마오쩌둥이 복구한 것이다. 북경 북쪽으로 70㎞ 떨어진 팔달령(八達嶺) 장성이 관광객들에게 가장 많이 알려져 있다. 사진 속 우리가 방문한 곳은 모전욕(慕田峪) 장성이다. 모전욕은 상대적으로 한산하고 가족이나 젊은 서양인들도 많았다. 1984년 동야오회와 2명의 중국인들은 하북성 장성 동쪽 끝에서 출발하여 508일 만에 최초로 6,000㎞를 종주했다. 성벽이 남아 있지 않은 구간이나 등반이 필요한 급경사도 많아서 장성 트레킹은 난이도가 꽤 높다. 지난 2020년 일곱 번째 여행은 태산에 오르기로 아들과 약속했었는데 코로나19로 일시정지 중이다. 훗날 여행이 재개되면 더 자란 아들과 만리장성을 트레킹하는 날도 오지 않을까 기대한다. 일곱 살 아들과 만리장성에서 썰매를 탔던 것, 실은 이 아비에게도 중국에서 가장 재미있었던 일이다.

만리장성(萬里長城)

장성은 춘추전국시대에 북방의 이민족과 국경을 접하고 있던 국가들이 방어를 위헤 처음 쌓았다. 기원전 222년에 진시황이 중국을 통일한 후 북쪽에 만들어졌던 여러 성들을 보수하고 연결시켰다. 역대 왕조들이 지속적으로 보수하고 개축하였으나 현재 온전히 남아 있는 것은 전체의 20%라고 한다. 총길이는 만 리인 4,000㎞ 보다 조금 길고, 1987년에 유네스코 세계문회유산에 등재되었다. 닉슨 이후 중국을 방문했던 역대 미국 대통령들의 대표적인 기념 사진 촬영지였고 주로 북경에서 가까운 팔달령(八達嶺)을 많이 방문했다. 대부분 장성에는 케이블카와 아래 사진 썰매도 설치되어 있어서 아이와 방문하기에 좋다.

▌모전욕(泉田峪) 장성 썰매, 2016. 6. 6.

병마용, 아들에게 물려줄 것은
제국이 아니라 지혜

섬서성 시안(陝西省 西安) 병마용, 2014. 12. 30.

섬서성 서안(西安), 중국어로 시안(Xian)의 옛날 이름은 장안(長安)으로 낙양과 함께 중원의 대표적인 도시였다. 고대 주나라 역사 중에서 서쪽 장안이 수도였던 전반을 서주(西周), 동쪽 낙양이 수도였던 후반을 동주(東周)시대라 부른다. 유시민의 「항소이유서」에도 인용되는, 주유왕이 미녀 포사를 웃게 하려고 거짓 봉화를 올렸던 천금매소(千金買笑) 고사가 바로 수도를 옮기게 되는 사건이었다. 주(周)의 동천이 춘추전국시대의 시작이고 그래서 풍몽룡의 역사소설 제목도 『동주 열국지』다. 한나라도 유방이 세운 전한(前漢)의 수도는 장안이었다. 광무제가 나라를 다시 일으킨 후한(後漢)의 수도는 낙양이었지만 서기 190년 동탁이 낙양을 불태우고 다시 수도를 장안, 즉 지금의 서안으로 옮겼다.

서안 시내에는 종루와 고루를 가운데 두고 네모반듯하게 도시를 둘러싼 명나라 성벽이 남아 있다. 성벽 남문 옆에 비림(碑林)박물관이 있는데 비석들을 숲처럼 모았다는 곳이다. 관우가 조조에게 의탁할 때 대나무 잎 그림으로 유비에게 보낸 편지 관제시죽(關帝時竹) 비석도 있어서 탁본을 판매한다. 한나라 때 장안성은 지금의 서안 시내보다 서쪽이고 진시황의 기반도 명대 성벽 북서쪽이었다. 서안 동쪽 진시황릉 근처에는 유방과 항우가 일촉즉발의 연회를 벌였던 홍문연도 있다. 또 서안은 중원의 서쪽 끝 실크로드의 출발점이라 서역 문물이 들어오는 통로였다. 당나라 때 인도에서 가져온 불경을 보관한 대안탑이 대표 유적이다. 특히 시내 종루 옆 회족 거리라 불리는 이슬람 거리는 다양한 꼬치와 각종 먹거리로 눈과 입, 그리고 여행을 즐겁게 만드는 곳이다.

서안의 대표 관광지는 진시황 무덤 옆에 있는 사진 속 병마용이다. 다섯 살 아들은 무료였지만 저 당시 입장료 120위안으로 중국 관광지들 중에서 아주 비싼 곳이었다. 세계 여러 나라 정상들도 병마용을 많이 방문했는데 특히 미국 레이건 대통령과 클린턴 대통령은 갱도 아래로 내려가 병용들 옆에서 사진을 찍는 특급 의전을 받았다. 진시황은 기원전 221년 중국을 통일하여 동아시아에서 최초로 국가원수를 황제로 지칭한 제국을 열었다. 황제 체제를 확립하여 중국 역사 전반에 큰 영향을 미쳤으나 진(秦) 제국은 시황제 12년과 이세황제 3년, 불과 15년이 전부였다. 진시황이 죽고 아들 호해가 이세황제가 되자 환관 조고가 국정을 농단했기 때문이다. 사슴을 가리켜 말이라 한다는 지록위마(指鹿爲馬) 고사도 조고가 황제와 신료들을 농단한 일화였다. 기원전에도 오늘날에도 아들에게 물려주어야 하는 것은 제국이 아니라 지혜다.

진시황(秦始皇, 기원전 259~210)

진나라 장양왕의 아들로 이름은 정(政)이다. 여러 전쟁과 복잡한 과정을 거쳐서 중국 천하를 손에 넣자 진시황은 제왕이 칭호를 논의하라는 명을 내렸다. 신하들이 고대에 있던 천황, 지황, 태황 중에 가장 존귀한 태황(太皇)으로 의견을 올렸다. 진시황은 태(太) 자를 없애고 황(皇) 자를 남겨둔 후 상고시대의 제(帝)라는 호칭을 받아들여 황제(皇帝)라고 정하였다. 진시황은 황제라는 호칭을 만든 것뿐만 아니라 도량형과 수레바퀴를 통일하였고 이후 2천 년 중국 황제제도와 군현제의 기본을 닦았다. 그러나 불로불사에 대한 열망이 컸고 대규모 문화 탄압인 분서갱유를 일으켜서 폭군이라는 비판을 면하기 어렵다.

❚ 병마용 입구 진시황 석상, 2014. 12. 30.

공림, 감정과 욕심을 이기고
예로 돌아가라

▌ 산동성 곡부(山東省 曲阜) 공림 지성림문, 2018. 4. 30

주(周)나라 건국 후 무왕은 공신들과 인척들에게 봉지를 내려 봉건국가 체계를 갖추었다. 그중 일등공신이자 동생인 주공 단(周公 旦)에게는 산동성 일대 노나라를 봉지로 내려주었다. 곡부(曲阜), 중국어로 취푸(Qufu)는 노나라의 수도로 훗날 공자가 태어나고 묻힌 곳이다. 주공은 아들에게 노나라를 맡기고 자신은 무왕 곁에서 건국 초기 정권의 안정을 도왔다. 무왕이 죽고 어린 조카 성왕이 즉위하자 섭정을 했고 조카가 성인이 되자 정권을 돌려주었다. 왕위를 찬탈하지 않고 인(仁)을 실행했기에 『논어』 전편에서 공자는 주공에게 최고의 존경을 표한다. 유학에서는 주공을 예(禮)를 만들고 완성한 성인으로 추앙한다. 고려말 충신 정몽룡이 성년이 된 후 개명한 정몽주(夢周)도 꿈에 주공을 만난 태몽을 따랐다.

『논어』에 따르면 제자 안회(安蛔)가 인(仁)을 묻자 공자는 자기 감정과 욕심을 이기고 예(禮)로 돌아가는 것, 극기복례(克己復禮)라고 일렀다. 예가 아니면 듣지도, 보지도, 말하지도, 움직이지도 말라고 하였다. 안회는 "제가 불민하나 이 말씀을 실천하겠습니다"라고 답하였고 실제로 공자의 제자 중 가장 뛰어났다. 다만 안회는 일찍 요절하였는데 공자는 이를 매우 슬퍼했다. 제자 중 누가 배우기를 좋아하느냐는 질문에

"안회가 배우기를 좋아했는데 불행히도 명이 짧아 지금은 죽고 없습니다"라고 애통해했다. 사마천도 『사기』에서 하늘의 도(天道)가 옳은지 그른지를 따지며 안회 같은 성인이 굶주리다 젊은 나이에 죽은 것을 한탄했다.

곡부에는 공자의 무덤 공림(孔林)과 사당인 공묘(孔廟), 가족 저택 공부(孔俯), 그리고 주공묘와 안묘도 시내에 있다. 공림에는 공자와 아들 백어, 손자 자사 외에도 10만이 넘는 공자의 후손들이 함께 묻혀 있다. 공자의 종손에게는 진시황 때부터 대대로 작위가 내려졌다. 예우는 청나라 때까지 이어졌고 77대손 쿵더청이 마지막 연성공 작위를 받았다. 공산당이 공자를 타도 대상으로 규정하자 쿵더청은 가족과 1949년 대만으로 이주하여 더 이상 공씨 종손들은 공림에 묻히지 않는다. 사진은 공림의 두 번째 문인 지성림(至聖林)문이다. 저 무렵부터 아이들에게 집에서도 존댓말을 하게 했다. 존댓말을 들으니 나도 아이들을 존중하고 함부로 말하지 않으려 노력하게 되었다. 봉건시대 사고를 지금 그대로 받들자는 것은 아니지만 사람다움이 무엇인지 인(仁)과 예(禮)에서 찾는 것은 인공지능이 지구를 지배해도 변하지 않으리라.

곡부(曲阜, Qufu)

중국 동부 산동성의 현급 도시, 공자가 태어난 고향이자 그 무덤과 사당이 있는 곳이다. 춘추전국시대 노나라 수도였고 시내에 명나라 때 건축된 성벽이 남아 있다. 문화대혁명 때 상당수 문화재와 유적이 홍위병에게 파괴당했지만 훗날 공자가 재평가되면서 파괴되었던 유적은 다시 복원되었다. 공자의 무덤 공림(孔林), 사당 공묘(孔廟), 가족 저택 공부(孔俯)가 관광지인데 입장료가 중국에서는 상대적으로 비싼 편이다. 2018년에 공묘 90위안, 공부 60위안, 공림 40위안으로 한꺼번에 사도 150위안이었다. 우리나라 중국 음식점에서 흔히 볼수 있는 공부가주(孔俯家酒)라는 술은 곡부에서 공자의 제사용으로 빚던 술이었다.

▮ 곡부 공림 공사 무덤, 2018. 4. 30.

자금성과 마지막 황제,
역사는 반복된다

❘ 북경(北京) 자금성(紫禁城) 오문(午門), 2016. 6. 7

중국 수도인 북경의 옛 이름은 북평(北平)이다. 시진핑 주석의 이름이 근평(近平)인 것도 태어난 곳이 북경에 가까워서였다. 시 주석의 동생은 북경에서 멀리 떨어진 섬서성에서 태어나 원평(遠平)이다. 북경이라는 이름은 명나라 영락제가 수도를 남경에서 옮겨오며 고친 것이다. 영락제 주체는 명태조 주원장의 넷째 아들로 연왕(燕王)이었다. 주원장은 건국 직후 아들들을 지방으로 보냈는데 주체에게는 북경 근처의 연(燕)을 맡겼다. 지금도 북경은 연경으로도 불린다. 주원장이 죽고 손자가 제위에 오르자 숙부 주체는 조카를 내쫓고 황제가 되었고 수도도 자신의 기반 북경으로 옮겼다. 비록 인륜을 거슬렀으나 영락제는 명나라의 전성기를 열었다. 남경에서 정화의 대항해를 시작한 것도, 북경에 자금성을 건설한 것도 영락제였다.

1421년 완공된 자금성에는 영락제부터 1924년 마지막 선통제 푸이까지 명과 청 두 왕조 24명의 황제가 살았다. 사진은 자금성의 정문인 오문(午門)이다. 북경의 랜드마크 천안문은 베이징 내성 남문으로 우리로 치면 숭례문이고, 광화문에 해당하는 궁궐 정문은 오문이다. 오문에는 정면에 세 개, 양쪽 날개에 두 개를 합하여 모두 다섯 개의 문이 있는데 사진 속 정면 가운데 문은 황제 전용 문이었다. 베르나르도 베르톨루치 감독의 영화 '마지막 황제'에서 오문은 푸이와 외부 세계의 경계로 자주 등장했다. 세 살 푸이가 자금성에 처음 들어오는 장면도, 존스턴 선생에게 배운 자전거를 타고 밖으로 나가려는 장면도, 폐위 후 황후와 함께 쫓겨나는 장면도 오문이 배경이었다. 자금성은 1925년 고궁박물원이라는 이름으로 일반인에게 공개되었다. 다만 자금성의 유물은 국공내전 후 국민당이 대만으로 가져가 현재 타이베이에 있는 같은 이름의 고궁박물원에 전시되어 있다.

1908년 허수아비 황제였던 광서제가 급사하자 실권자인 서태후는 광서제의 동생 대신 어린 조카 푸이를 황제로 지목했다. 이것은 한 항렬에 한 명의 황제를 허용하는 당시 청나라 계승법을 따랐다. 그러나 그 계승법은 이미 깨진 바 있었으니 광서제도 서태후의 아들 동치제와 한 항렬인데 서태후가 여동생의 아들을 황제로 만든 것이다. 세 살짜리를 황제로 지목한 다음 날 서태후도 급사했고 청나라는 패망의 길로 들어섰다. 외척과 환관이 국정을 농단하면 나라가 망하는 역사가 반복된 것이다. 헤겔의 명언처럼 '우리가 역사에서 배울 수 있는 것은, 어떤 민족이나 정부가 역사에서 무엇을 배우거나 그에 따라 행동한 적이 없다는 것'이다. 우리나라도 예외가 아니다.

자금성(紫禁城)

만리장성, 양자강과 더불어 우리나라에서 중국 음식점 이름으로 가장 흔한 3위 안에 드는 것이 바로 자금성이다. 북경 중심에 있는 명나라와 청나라 왕조의 궁궐로, 규모로는 20만 평이 넘는 세계 최대 규모다. 자(紫) 자를 가져온 자미원(紫微垣)은 북극성을 포함하는 중심 별자리다. 황제의 거처를 기점으로 우주가 움직인다고 생각하여 자(紫) 자를 썼고, 황제의 허락 없이는 범접할 수 없는 공간이라 금(禁) 자를 썼다. 존스턴이 쓴 마지막 황제 푸이에 대한 회고록 제목은 「자금성의 황혼(紫禁城的黃昏, Twilight in the Forbidden City)」으로 자금성의 영문 이름은 '금(禁)'에만 초점을 맞춘 잘못된 번역이다.

▌자금성 태화전 개미 구경, 2016. 6. 7.

황하유람구,
나는 비로소 아들의 가족이 되었다

▮ 하남성 정주(河南省 鄭州) 황하유람구, 2014. 12. 28.

1994년 봄 카이스트에 입학하여 영화 동아리에 가입했는데 신입생이 나 포함 달랑 3명이었다. 선배들이 흥행 실패 원인을 분석하다가 당신들이 만든 신입생 모집 대자보가 너무 진지했다는 결론을 냈다. 동아리방에서 함께 스터디하며 영화에 진지했던 선배들 중에는 이제 공인인 분들도 있다. 회장이셨던 카카오게임즈 조계현 대표님, 방송에 나오시는 정재승 교수님이 그분들이다. VHS 테이프 가득한 동아리방 캐비닛에는 낯설고 신기한 영화들이 많았다. 그중 첸카이거의 '황토지'는 무협물과 느와르만 보던 내게 중국 영화도 얼마나 진지한지 보여준 영화다. 중일전쟁을 배경으로 운명을 스스로 개척하고픈 시골 소녀와 민요를 수집하는 팔로군의 리얼리티는 누런 황하의 물결과 구슬픈 민요 가락으로 공명을 일으켰다.

내가 황하를 실제로 처음 본 곳은 2008년 3월 출장으로 방문한 감숙성 난주(蘭州)였다. 황하제일교를 건너 백탑산에서 바라본 황하는 '황토지'에서 본 그대로였다. '저렇게 흐르고도 지치지 않는 것이 희망이라면 우리는 언제 절망할 것인가.' 이성복 시인의 「강」이 절로 떠오를 만큼 크고 누런 강은 인상적이었다. 사진은 2014년 아들과 첫 여행 때 황하를 구경했던 하남성 정주에 있는 황하유람구다. 표정이 진지한 우리 부자 배경은 중국인들이 조상으로 여기는 염제와 황제의 얼굴상이다. 황하의 치수는 고대부터 국가적 사업이었다. 현재도 황하에 싼먼샤댐, 장강에 싼샤댐이 있지만 중국은 매년 홍수 피해를 입고, 세계 인구의 20%가 세계 담수의 7%로 사는 물 부족 국가다. 황하유람구에는 노심 초사의 유래이자 최초로 황하 치수에 성공한 하우 동상이 있다. 또 유람구 내 박물관에는 고대 황하에 살던 코끼리 뼈도 전시되어 있어서 상상(想像)의 유래를 확인할 수 있다.

정주(鄭州)는 춘추시대 정나라 땅이었고 삼국시대에는 사람(予)과 코끼리(象)가 함께 있는 예주(豫州)였다. 중국 동서 횡단철도와 남북 종단철도가 중원 한복판에서 만나는 교차점이다. 정주역은 고대부터 있었을지 모를 북적거림이 가득한데 아들과 첫 여행 첫날 숙소가 바로 정주역 앞이었다. 엄마 보고 싶다고 울던 그날 밤에는 여행을 어떻게 계속할지 막막했다. 아들이 다섯 살이 되도록 엄마와 떨어져 잠을 잔 적이 없고 특히 아비와 단둘이 반나절 이상 시간을 보낸 적도 없었다. 아이는 엄마가 키우는 것이 아니라 부모가 키우는 것이라는 말에 전적으로 동의하지만 제대로 실천하지는 못했던 것이다. 거짓말처럼 다음 날부터 아들은 울지 않았고 황하를 함께 구경했던 바로 그날 나는 비로소 아들의 가족이 되었다.

정주(鄭州, Zhengzhou)

하남성의 성도다. 북경에서 광주까지 경광(京廣)철로와 섬서성에서 강소성까지 롱해(陇海)철로가 교차히는 중국 중부의 경제 중심지이다. 황하 유역에 위치하여 고대 상나라의 도읍이었고 코끼리가 살 만큼 풍요로운 곳이었다. 삼국시대 1만 조조군과 10만 원소군이 중원의 패권을 놓고 벌였던 관도대전의 무대였다. 조조는 원소와 수개월 대치하면서 군사는 적고 양식은 다 떨어져갔지만 병사들에게 이렇게 말했다. "보름만 지나면 원소를 쳐부술 것이니 다시는 그대들을 수고롭게 하지 않겠다." 조직행동학을 연구하는 프레드 루선스(Fred Luthans) 교수는 낙관주의(Optimism)가 리더십의 필수 요소라 했는데 조조는 그 최고봉이었다.

▌ 정주박물관 코끼리 뼈, 2014. 12. 28.

또 다른 여행을 기다리며

2018년 봄 아들과 다섯 번째 중국 여행 짐을 싸고 있는데 다섯 살 된 딸이 똘망똘망한 눈빛으로 나에게 물었다. "아빠는 왜 오빠랑만 중국 가요?" 그러고 보니 딸은 어느새 아들이 중국 여행을 처음 시작했던 나이가 된 것이다. 갑자기 한 대 얻어맞은 기분에 횡설수설 답을 하고 말았다. "응, 중국 여행은 힘들어." 지금 생각해보면 완전 동문서답이 아닐 수가 없다. 딸은 '오빠랑만'을 묻고 있는데 나는 엉뚱하게 '중국'을 대답했으니.

딸이 입학한 초등학교에서는 해마다 5월 첫째 토요일에 아빠와 함께 수업을 한다. 아빠와 아이들만 참가하는 수업인데 팬데믹 상황이라 비대면 온라인 수업을 했다. 아이들이 아빠 얼굴과 그 옆에 아빠 하면 생각나는 것들을 그려서 보여주었는데 대부분 아빠들 옆에 초록색 소주병, 와인병과 골프채가 많았다. 우리 딸이 무엇을 그렸을까 궁금해하면서 기다리는데 여덟 살 딸은 내 얼굴 옆에 커다란 빨간 하트를 그렸고 어깨 위에는 자기 엄마와 오빠, 그리고 자신을 작게 그렸다. 다행히도 술병은 없었고 골프채가 있기는 했는데 황송하게도 샤프트에 '최고의 아빠'라고 적혀 있었다. 수업이 끝나고도 며칠 동안 딸이 계속 아빠랑 수업하고 싶다고 조르자 아내가 아들과 여행을 시작할 때처럼 등을 떠밀었다. 딸과 단둘이 더 많은 시간을 보내라고, 여덟 살 딸은 다시 만날 수가 없다고.

가끔 딸이 피아노를 칠 때 옆에 가서 '제주도의 푸른 밤' 멜로디를 치면서 함께 부른다. '정말로 그대가 외롭다고 느껴진다면 떠나요 제주도 푸른 밤 하늘 아래로' 가사 중에서 '그대' 대신 나는 딸의 이름을 넣어서 불러주고 딸은 '아빠'로 바꿔서 부른다. 부를 때마다 딸은 매번 깔깔 소리 내어 웃으며 좋아한다. 그러면서 꼭 아빠랑 단둘이 제주도에 가자고 한다. 어디라도 좋으니 아빠랑 단둘이 가자는 그 마음만은 평생 변하지 않기를 간절히 소망한다. 코로나로 인해 본의 아니게 『삼국지를 따라 아들과 여행하는 중국』이 1부로 마무리되었으니 다음으로는 『신화를 따라 딸과 여행하는 유럽』같은 것을 기획해보면 좋겠다.

우선 지금 바로 실천할 수 있는 일은 함께 오늘 저녁을 소중하게 보내는 것이겠지!

▌프랑스 니스 해변. 2019. 8. 13.

부록

부록 1 – 부자(父子) 사진 열전

: 먹는 사진 열전 ① 군것질

❚ 섬서성 서안 회족 거리, 2014. 12. 30.

  회족(回族)은 실크로드의 출발점인 섬서성 서안(西安)에 정착한 아랍 상인의 후예다. 이들이 모인 회족 거리에는 다섯 살 아이도 먹을 만한 군것질 거리가 많다. 사천성 성도(成都) 진리(錦里) 거리는 유비의 무덤인 한소열묘, 제갈량 사당인 무후사가 바로 이어져 있다. 산동성 곡부(曲阜) 시내 궐리빈사 옆에도 오마사가(五馬祠街)라는 골목이 있는데 군것질하기 좋다.

▌사천성 성도 진리 거리. 2016. 6. 1.

▌산동성 곡부 궐리빈사 앞. 2018. 4. 29.

: 먹는 사진 열전 ② 아이스크림

먹는 사진들 중에 제일 많은 것이 아이스크림 사진이다. 첫 번째 여행 때만 겨울이었고, 나머지 다섯 번의 여행 목적지가 우한이나 남경을 거쳐 가는 장강 유역의 더운 지역이었던 까닭이다. 아들이 다리 아프다고 보채거나 걷기 싫어할 때 달래는 수단이기도 해서 모든 도시마다 아이스크림 사진이 있다. 만리장성에서는 더 이상 걷기가 힘들어서 썰매를 타고 내려왔던 직후였고, 황학루에서도 꼭대기까지 걸어서 올라갔다 내려온 후였다. 2019년 남경은 두 번째 방문이었는데 2015년 첫 번째 방문 때 먹었던 저 곰 발바닥 아이스크림을 기억하여 사 먹었다.

▌ 모전욱 만리장성. 2016. 6. 6.

❙ 호북성 우한 황학루, 2017. 8. 6.

❙ 강소성 남경 완다플라자, 2019. 5. 1.

: 먹는 사진 열전 ③ 요리

첫 여행 때는 첫 식사에서 다섯 살 아들이 현지식을 못 먹어서 무척 당황했다. 두 번째 여행부터는 한국 음식을 미리 찾아서 숙소 선정과 이동 동선에 반영하였다. 의외로 중국 도시들에서 한국 음식을 먹는 것은 그리 어려운 일이 아니다. 대형 쇼핑몰이나 백화점에는 거의 예외 없이 한국 음식을 파는 식당이 반드시 있다. 북경오리는 한국에서도 먹어본 음식이라 일곱 살 아들에게도 거부감 없이 잘 먹일 수가 있었고, 2019년 여섯 번째 여행 때는 열 살 정도 되니 훠궈나 볶음밥 정도의 현지식은 먹을 수 있었다.

▌북경 북경오리를 기다리며, 2016. 6. 6.

▌산동성 치박 삼겹살, 2018. 4. 28.

▌강소성 남경 남경오리, 2019. 5. 2.

: 타는 사진 열전 ① 기차역

보통 역사 내부로 들어가기 전에 매표소가 별도로 있다. 여기서 발권하는 것도 긴 줄을 서야 하고, 발권한 표를 신분증, 짐과 함께 검사를 받고 역사 내부로 들어가는 것도 긴 줄이 필요하다. 당연히 기차를 타기 위해서 플랫폼으로 갈 때도 표 검사와 긴 줄이 또 필요하다. 때문에 항상 출발 시간보다 여유 있게 도착해야 했고 주로 식사나 군것질을 하면서 기다렸다. 기차표 예약은 씨트립(ctrip) 홈페이지에서 했고 중국에 입국한 후 처음으로 기차를 타는 역에서 예약한 표들을 한꺼번에 미리 발권했다.

▌ 사진성 성도, 2016. 6. 3.

▌사천성 성도 역사 내부, 2016. 6. 3.

▌우한 한구(漢口)역에서 형주행 기차를 기다리며, 2017. 8. 6.

: 타는 사진 열전 ② 기차

중국 고속철도는 베이징 올림픽 직전인 2007년 운행을 시작하여 2019년 총연장 35,000㎞로 전 세계 고속철도의 60%를 점유하고 있다. 기존 역에 정차하거나 새로 건설된 고속철도 역이 따로 있는 경우도 있다. 고속철도가 없는 구간은 완행기차를 타야 했는데 사천성 성도에서 섬서성 한중까지가 그랬다. 오후 1시 53분에 성도역에서 출발한 기차는 밤 11시가 넘어서야 한중에 도착했다. 좌석 등급도 여러 가지가 있는데 가까운 곳은 완행기차라도 일반석을 탔지만 성도-한중 구간은 최상위 등급 침대칸을 탔다.

❙ 성도-한중 완행기차, 2016. 6. 3

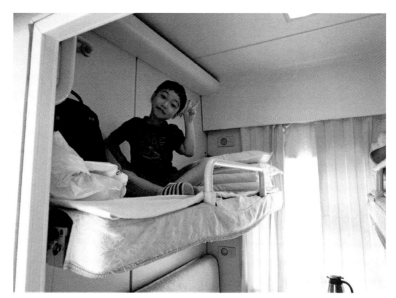

▌성도-한중 침대칸, 2016. 6. 3.

▌우한-형주 고속기차, 2017. 8. 6.

: 타는 사진 열전 ③ 탈것

여행을 하면서 도시 간 이동은 기차를 이용하였고 도시 내 이동은
대부분 디디추싱을 이용하였다. 첫 여행 때만 해도 택시를 타고 다녔
지만 디디추싱 앱을 설치하고 나니 미국이나 유럽의 우버, 동남아의 그
랩처럼 목적지를 전달할 필요 없이 편했다. 만리장성에 올라갈 때는
리프트를 탔는데 바닥에 안전그물이 없어서 매우 긴장했다. 짧은 거리
이동에는 인력거도 제법 이용했는데 어느 나라나 마찬가지지만 가격
흥정이 제일 어려웠다. 대도시는 지하철이 잘 되어 있고 어린아이에게
는 자리도 잘 양보해주어 편리했다.

▍모전욕 만리장성 리프트, 2016. 6. 7

▌곡부 공림 인력거, 2018. 4. 30.

▌남경 지하철, 2019. 5. 1.

: 여행 사진 열전 ① 숙소

숙소를 고르는 기준은 식사가 편한 곳, 주요 관광지가 가까운 곳, 그 다음은 기차역이나 공항으로 이동하기 편한 곳이다. 첫 여행 때는 이동만을 고려했는데 어린 아들이 현지식을 먹기가 어렵다는 것을 깨닫고 나서부터 첫 번째 식사 기준이 추가되었다. 다양한 식사 옵션이 있는 대형 쇼핑몰이나 백화점 주변에 있으면서 방문할 관광지나 기차역과 적당한 거리에 있는 호텔이 주요 후보지였다. 묵었던 호텔들 중에서 재방문 의사가 있는 호텔들의 상세 정보는 부록 3 「추천 숙소 정보」에 따로 추가하였다.

▌ 허난성 낙양 홀리데이인, 2014. 12. 28

▌산둥성 곡부 궐리빈사, 2018. 4. 29.

▌강소성 서주 하얏트 리젠시, 2019. 5. 4

: 여행 사진 열전 ② 여가

어린 아들과 여행하는 일정이 어른들 여행처럼 빡빡할 수는 없다. 특히 길 위에는 변수가 많으므로 항상 일정에 여유를 두었다. 그래서 갑자기 공작새 먹이를 주는 곳이 나타나도 아이가 관심을 가지면 충분히 경험할 시간을 줄 수 있었다. 하루 일정이 끝난 후 저녁을 먹으러 방문한 쇼핑몰이나 백화점에는 어린아이들의 즐길거리가 상당히 많았다. 스케이트를 타거나 몸을 쓰며 노는 것은 물론이고 미술 체험과 여러 가지 탈것이나 VR 놀이기구도 많았고 모두 애초에 한국에서 계획을 세울 때는 몰랐던 것들이다.

허난성 정주 황허유람구 공작새 먹이 주기, 2014. 12. 28.

┃ 강소성 남경 완다플라자 실내 자동차, 2019. 5. 2.

┃ 강소성 서주 수닝플라자 스케이트장, 2019. 5. 4.

: 여행 사진 열전 ③ 부자유친

삼강오륜의 다섯 륜(倫)중에 첫째가 부자유친(父子有親), 부모와 자식 사이에 친함이 있어야 한다는 것이다. 여기서 친함이란 단순히 친밀함이 아니라 인(仁)을 의미하며 이것은 사랑을 말한다. 마찬가지로 부부유별(夫婦有別)도 단순한 구별이 아니라 부부의 역할이 다르고 이를 존중하는 예(禮)를 말한다. 오륜의 친(親), 의(義), 별(別), 서(序), 신(信)은 유교의 다섯 가지 덕목 인의예지신(仁義禮智信)을 반영하고 있다. 세월이 가고 나이를 먹을수록 우리 부자가 더욱 '부자유친'하기를 소망한다.

▌ 섬서성 서안 명대 성벽 위에서, 2014. 12. 30.

▌ 섬서성 한중 전기카트, 2016. 6. 4.

▌ 산동성 제남 귀국 비행기 안에서, 2019. 5. 5.

부록 2 – 여행 일정

:   2014년 첫 번째 여행

12. 26.   출국, 정주(Zhengzhou) 숙박

12. 27.   허창(Xuchang) 왕복, 조승상부

     - 조승상부(曹丞相府): 조조가 업무를 보던 근거지

12. 28.   황하유람구, 낙양(Luoyang) 이동, 낙양 숙박

     - 황하유람구(黃河遊覽區): 황하 관광, 염황 광장, 박물관

12. 29.   관림, 서안(Xian) 이동, 서안 숙박

     - 종루(鐘樓): 명나라 때 만든 종이 있는 누각

12. 30.   병마용

     - 병마용(兵馬俑): 진시황 무덤

12. 31.   귀국

:   2015년 두 번째 여행

4. 30.   출국, 양양(Xiangyang) 숙박

5. 1.   고융중, 우한(Wuhan) 이동, 우한 숙박

      - 고융중(古隆中): 제갈 초려

5. 2.   황학루, 남경(Nanjing) 이동, 남경 숙박

      - 황학루(黃鶴楼)

5. 3.   중산풍경명승구(钟山风景名胜区)

      - 중산풍경명승구: 명효릉, 손권묘, 중산릉

5. 4.   상해(Shanghai) 이동, 루쉰 공원, 상해 숙박

      - 루쉰 공원: 舊 홍커우 공원, 윤봉길 의거 현장

5. 5.   귀국

6. 1.　　출국, 성도(Chengdu) 숙박

6. 2.　　한소열묘, 무후사

　　- 한소열묘(汉昭烈廟): 유비의 무덤, 제갈량 사당

6. 3.　　한중(Hanzhong) 이동, 한중 숙박

6. 4.　　석문잔도

　　- 석문잔도(石门栈道): 한중 계곡을 따라 건설한 잔도

6. 5.　　북경(Beijing) 이동, 북경 숙박

6. 6.　　만리장성

　　- 만리장성(萬里長城): 모전욕 장성

6. 7.　　자금성, 귀국

　　- 자금성(紫禁城): 명, 청대 황궁

8. 6. 　출국, 형주(Jingzhou) 숙박

8. 7. 　당양(Dangyang) 왕복, 관릉, 장판파 공원

- 관릉(關陵): 관우의 몸이 묻힌 무덤

8. 8. 　형주성, 관제묘

- 관제묘(關帝廟): 관우가 집무를 보던 곳, 관우 사당

8. 9. 　우한(Wuhan) 이동, 우한 숙박

- 황학루, 신해혁명 기념관

8. 10. 　적벽(Chibi) 왕복

- 적벽삼국고전장(赤壁三國古戰場)

8. 11. 　귀국

荊州
Jingzhou

當陽
Dangyang

武漢
Wuhan

赤壁
Chibi

: 　　2018년 다섯 번째 여행

4. 27.　출국, 치박(Zibo) 숙박

4. 28.　강태공사, 관중 기념관

　　　- 강태공사(姜太公祠): 고대 주나라 강태공 무덤과 사당

　　　- 관중 기념관(管仲記念館): 춘추시대 재상 관중의 기념관

4. 29.　곡부(Qufu) 이동, 곡부 숙박

4. 30.　공림, 공묘, 공부

　　　- 공림(孔林): 공자의 무덤

　　　- 공묘(孔廟): 공자의 사당

　　　- 공부(孔俯): 공씨 가문 저택

5. 1.　귀국

濟南
Jinan

癡縛
Zibo

曲阜
Qufu

5. 1. 출국, 남경(Nanjing) 숙박

- 난징대학살 메모리얼 홀: 추모공원

5. 2. 마안산(Maanshan) 왕복, 채석기

- 채석기(采石磯): 이태백 주거지, 태백루

5. 3. 난징조약 기념관, 정화박물관, 서주(Xuzhou) 숙박

- 정화 기념관(郑和記念館): 명나라 항해가 정화의 기념관

5. 4. 희마대, 서주박물관

- 희마대(戱馬臺): 초패왕 항우의 군마 훈련 장소

5. 5. 귀국

부록 3 – 추천 숙소 정보

: 추천 숙소 ① 형주

	완다 렐름 징저우 호텔 (Wanda Realm Jingzhou, 荊州富力万达嘉华酒店)	
주소	荊州區 北京西路518号	
특이점	• 형주역에서 약 6㎞, 차로 20분 거리 • 형주성 동문까지 2㎞, 호텔 앞 정류장에서 버스로 10분 • 호텔 옆에 백화점(Jingzhou Wanda Plaza, 荊州万达广场)	

▌호북성 형주 완다 렐름 징저우 호텔, 2017. 8. 7

: 추천 숙소 ② 남경

힐튼 난징 호텔	
(Hilton Nanjing, 南京朗昇希爾頓酒店)	
주소	建鄴區 江東中路100號
특이점	• 사거리 대각선 건너편에 난징대학살 메모리얼 홀 • 중산풍경명승구 약 20㎞, 차로 30여 분 • 호텔 옆에 백화점(Nanjing Wanda Plaza, 南京万达广场)

▎강소성 남경 힐튼 난징 호텔, 2019. 5. 1.

하얏트 리젠시 쑤저우 호텔
(Hyatt Regency Xuzhou, 徐州蘇寧凱悅酒店)

주소	鼓樓區 淮海東路29號
특이점	• 희마대까지 1.4㎞, 걸어서 20여 분 • 호텔 옆에 대형 쇼핑몰(Suning Square, 苏宁广场) • 가격이 상대적으로 저렴하고 고층 전망이 아주 좋음

▌ 강소성 서주 하얏트 리젠시 쑤저우 호텔, 2019. 5. 4

: 추천 숙소 ④ 곡부

취푸 궐리빈사
(Queli Hotel, 曲阜 阙里宾舍)

주소	阙里街1号
특이점	• 공림까지 인력거로 10분, 고속철도 취푸동역 차로 30분 • 공묘 옆 기와 건물, 쇼핑 거리 오마사가(五馬祠街) 옆 • 1996년 김대중 대통령 방문 호텔, 호텔 식당도 명소

▎산동성 곡부 궐리빈사, 2019. 4. 29.

: 추천 숙소 ⑤ 우한

완다 렐름 우한 호텔	
(Wanda Realm Wuhan, 武漢萬達嘉華酒店)	
주소	水果湖街东湖路105号
특이점	• 북쪽 한커우역(漢口) 차로 30분, 서쪽 우창역(武昌) 20분 • 황학루, 신해혁명 기념관까지 약 7km, 차로 15분 • 호텔 바로 옆에 한국 음식과 쇼핑 거리인 한지에(韓街)

❚ 호북성 우한 완다 렐름 우한 호텔, 2017. 8. 6.

: 추천 숙소 ⑥ 북경

노보텔 베이징 신차오 (Novotel Beijing Xin Qiao, 北京新侨诺富特饭店)	
주소	崇文门西大街1号
특이점	• 천안문까지 3.5㎞, 차로 10여 분 • 지하철 2호선 5호선 충웬먼역(崇文门站) 바로 앞 • 베이징 신세계 백화점(北京新世界商场) 걸어서 10분 거리

▌북경 노보텔 베이징 신차오 호텔, 2016. 6. 6.

부록 4 - 중국 삼국시대 연표

[참 고 자 료]

: 참고 문헌

- 본삼국지, 나관중, 리동혁 옮김, 도서출판 금토
- 삼국지, 진수, 김원중 옮김, 민음사
- 정글만리, 조정래, 해냄
- 자치통감, 사마광, 박석홍 옮김, 시그마북스
- 사기, 사마천, 김원중 옮김, 민음사
- 설득의 심리학, 로버트 치알디니, 21세기북스
- 논어, 공자, 김형찬 옮김, 홍익출판사
- 총 균 쇠, 재레드 다이아몬드, 김진준 옮김, 문학사상사
- 물의 세계사, 스티븐 솔로몬, 주경철·안민석 옮김, 민음사
- 난중일기, 이순신, 장윤철 옮김, 스타북스
- 손자병법, 손무, 유동환 옮김, 홍익출판사
- 후흑학, 리쭝우, 신동준 편역, 인간사랑
- 고우영 삼국지, 고우영, 문학동네
- 명심보감, 추적, 백선혜 옮김, 홍익출판사
- 노자 도덕경과 왕필의 주, 노자, 김학목 옮김, 홍익출판사
- 아Q정전, 루쉰, 이욱연 옮김, 문학동네

- 삼국지강의, 이중톈, 김성배·양휘웅 옮김, 김영사
- 춘추좌전, 좌구명, 임동석 역주, 동서문화사
- 탈무드, 이동민 역, 인디북
- 노동의 배신, 바버라 에런라이크, 최희봉 번역, 도서출판 부키
- 왜 일하는가, 이나모리 가즈오, 김윤경 옮김, 다산북스
- 대학 중용, 주희 엮음, 김미영 옮김, 홍익출판사
- 재즈 에세이, 무라카미 하루키, 김난주 옮김, 열림원
- 논어한글역주, 도올 김용옥, 통나무
- 코스모스, 칼 세이건, 홍승수 옮김, 사이언스북스
- 동주 열국지, 풍몽룡, 김구용 옮김, 솔

: 참고 영화

- 적벽대전(Red Cliff), 오우삼(John Woo), 2008
- 400번의 구타(The 400 Blows), 프랑소와 트뤼포(Francois Truffaut), 1959
- 배트맨(Batman), 팀 버튼(Tim Burton), 1989
- 매트릭스(The Matrix), 라나 워쇼스키(Lana Wachowski)·릴리 워쇼스키(Lilly Wachowski), 1999
- 토이스토리(Toy Story), 존 라세터(John Lasseter), 1995
- 패왕별희(Farewell My Concubine), 첸 카이거(Kaige Chen), 1993
- 영웅본색(A Better Tomorrow), 오우삼(John Woo), 1986
- 아비정전(Chungking Express), 왕가위(Kar-Wai Wong), 1994
- 마지막 황제(The Last Emperor), 베르나르도 베르톨루치(Bernardo Bertolucci), 1987
- 황토지(Yellow Earth), 첸 카이거(Kaige Chen), 1984